CLÀSSICS A MIDA

Mar i cel

Àngel Guimerà

BARCANOVA EDITORIAL

Equip editorial:

Projectes: Sara Moyano
Edició: Montse Ballaró
Maquetació: Míriam Corchero
Disseny de la col·lecció: Javier Serrano, Miguel Ángel Pacheco, Míriam Corchero i Laura Rodríguez

Rosa Sensat, 9-11, 4a planta
08005 Barcelona
Telèfon 932 172 054
barcanova@barcanova.cat
www. barcanovainfantilijuvenil.cat

Primera edició: febrer de 2013
Onzena impressió: juliol de 2021
DL B. 2869-2013
ISBN: 978-84-489-3144-5

Printed in Spain

PAPER DE FIBRA CERTIFICAT

A l'Abril, la lectora més apassionada de Mar i cel.

Montse VV i Toni Llacay

ÍNDEX

Introducció

Acostant-nos a *Mar i cel*

Mar i cel narra la història d'amor impossible entre un pirata sarraí i la jove cristiana que ha capturat en el darrer abordatge. Succeeix en ple segle XVII, en un vaixell que els porta cap a Alger.

Tots dos comparteixen una infantesa terrible i una història de solitud colpidora. En Saïd, amb solament sis anys, va presenciar l'assassinat de la seva mare quan els estaven desterrant cap al nord d'Àfrica. La Blanca, als quatre anys, després que morís la seva mare, fou tancada per a tota la vida en un convent.

Els personatges que els envolten esdevenen testimonis absolutament consternats d'aquest amor impossible. Alguns intenten ajudar-los; d'altres es converteixen en els instruments de la fatalitat. En Saïd coneix el seu futur incert. Ell és qui resumeix en poques paraules la situació: ell és el mar i ella, el cel, que només es troben a l'horitzó, una quimera que pot simbolitzar la mort.

En aquesta història es tracta un tema recurrent en Guimerà (que va viure personalment): el mestissatge i el xoc entre dues cultures diferents, que, en aquest cas, és materialitzat pel cristianisme i l'islam.

Mar i cel és una de les obres de teatre de Guimerà, escrita en vers, que tanca l'etapa inicial del dramaturg, la de les tragèdies romàntiques. Guimerà la va escriure seguint el solc del romanticisme històric que havia triomfat en els darrers anys a Europa. Així, la història d'amor té com a context l'expulsió dels moriscos de la península Ibèrica, després del 1600, quan molts d'ells van ser desterrats al nord d'Àfrica i van dedicar-se a la pirateria.

Malgrat que aquesta obra, que li va obrir les portes del premi Nobel (que alguns es van cuidar de tancar), encara no mostra la màxima plenitud de l'escriptor, ja té tots els elements que deixen clara la seva vàlua. Els personatges principals exhibeixen un perfil psicològic complex i estan immersos en un context coral que fa de contrapunt a la història, en la qual el destí s'abraona inexorable sobre els protagonistes.

Mar i cel va tenir un èxit immediat. Fou traduïda a vuit idiomes i atorgà a Àngel Guimerà una dimensió internacional que no havia assolit cap altre escriptor català modern.

Aquesta edició

L'obra que presentem en aquesta col·lecció no és el text complet, sinó una versió reduïda de l'original, pensada per ser llegida de manera individual o en grup —com a teatre llegit a classe— per alumnes de secundària. A més, és escrita en prosa per facilitar-ne la lectura.

No n'hem eliminat cap seqüència fonamental; només ens hem limitat a simplificar les escenes. D'altra banda, amb la finalitat de fer-la més accessible als alumnes, hem afegit al principi de cada escena un breu resum del seu contingut argumental, que en l'original, òbviament, no hi és.

Mar i cel

PERSONATGES

Blanca: novícia cristiana, filla de don Carles.

Saïd: capità pirata.

Carles: pare de la Blanca, comandant de la milícia al servei del rei.

Ferran: capità del vaixell cristià abordat, cosí de la Blanca i nebot de don Carles.

Joanot: pirata renegat, que va fugir a Alger perseguit per la Inquisició.

Hassèn: pirata que protegeix en Saïd i que li és fidel.

Malek: segon de bord; ha estat destituït i vol prendre el lloc a en Saïd.

Osman: pirata enamorat.

Mahomet: pirata.

Guillem: soldat de la milícia de don Carles.

Roc: mariner català sota les ordres d'en Ferran.

Pirates, mariners, soldats, etc.

ESCENA I

Any 1639. Som a la cambra principal d'un vaixell pirata. El pal major travessa la cambra i al fons hi ha la porta d'una cabina i les escales que pugen cap a coberta. A una banda de la cambra hi ha una taula i uns tamborets on els pirates sarraïns[1] estan atrafegats netejant armes. A l'altra banda es pot veure una llitera on jeu el capità sarraí, en Saïd, ferit a la batalla.

Els pirates estan contents. Acaben d'abordar un vaixell cristià i n'han obtingut un botí substanciós. Entre bromes i pulla[2] netegen les armes que han pres als cristians i les pengen en uns ganxos de la paret, a tocar d'unes cadenes amb grapes i eines d'abordatge. Al costat de la llitera, en Hassèn mostra el seu enuig perquè el soroll podria destorbar el capità. Però quan l'Osman

[1] Sarraí: Musulmà, seguidor de l'islam, religió que creu que Déu és únic. Aquesta creença és la que distingeix més radicalment els musulmans de la resta de religions.

[2] Pulla: Paraules que hom diu a algú per mortificar-lo.

parla del seu amor per una noia d'Alger,[3] en Saïd sembla reviure i es mostra sorprenentment generós.

MAHOMET: Té, penja-la. Ja està.
OSMAN: De cap manera! Aquesta espasa encara és plena de sang!

Torna l'arma a en MAHOMET *i sense voler dóna un cop a en* JOANOT, *que estava assegut recolzat a la taula. En* JOANOT *se sobresalta com si el despertessin.*

OSMAN (*a en* JOANOT): Aparta't!
MAHOMET: A veure? És sang de l'altra nit. Altres combats la netejaran. Pensa que la sang amb sang es treu.
OSMAN (*somniador, mirant per la finestra*): T'hi has fixat, Mahomet? El vaixell llisca per damunt de les ones com un dofí. La tramuntana no para de bufar. Si continua així, arribarem a Alger abans de quatre dies.
MAHOMET: Això si ho vol el capità.
OSMAN: Que no n'ha tingut prou amb el vaixell cristià que sortia de Mallorca? No n'hi ha gaires com aquest!
MAHOMET: Per què rondines? Que potser estàs cansat de tant treballar? No seria millor capturar dos vaixells en comptes d'un?
HASSÈN (*impacient*): Que el capità reposa! Si el desperteu, us llanço de cap a mar!
OSMAN (*a en* MAHOMET): Parla baix.

Continuen conversant en veu baixa.

HASSÈN (*a part*): Maleïts!

[3] Alger: Ciutat d'Algèria, país de la part nord d'Àfrica, que té un port important.

JOANOT (*a part, amb una gran tristesa*): Si la meva ànima fos com la seva... Ells són feliços i jo també ho seria si pogués oblidar. Però com es fa per oblidar?
OSMAN: Hassèn!
HASSÈN (*poc amable*): Què vols?
OSMAN: El capità encara té febre?
HASSÈN: No, ja no en té, però igualment li convé fer repòs.
OSMAN: I la ferida?
HASSÈN: Per sort no va ser res.
MAHOMET: Algú sap què li va passar?
HASSÈN (*satisfet de si mateix*): Jo us ho puc dir. Era al seu costat.
OSMAN: El gos mai no deixa el seu amo.
HASSÈN: Tanca la boca! Jo era amb en Saïd quan va ordenar que sonés el corn d'abordatge. Vaig agafar amb força la destral i em vaig preparar per seguir-lo. El capità, com sempre, va llançar-se el primer dins del vaixell enemic. Jo al darrere; tots dos disposats a lluitar. De cop, una espasa cristiana es va alçar contra ell. Sense pensar-s'ho dues vegades, la meva destral va volar pels aires, segura, assassina, destinada a esberlar el cap de l'enemic com si fos una síndria. I així va ser com en Saïd es va lliurar d'una mort segura i va rebre només un cop al braç, donat per un mort en caure.
OSMAN: Si l'Ismul no hagués mort...!
HASSÈN: Ell sí que en sabia, de curar!
MAHOMET (*rient*): Ara que curi taurons!
OSMAN: Vaig veure com el partien en dos trossos.
MAHOMET (*rient*): I mort encara era més lleig!
OSMAN: Jo ho sento per en Saïd!
HASSÈN: La cristiana el cura per força.
MAHOMET: Si m'haguessin de curar aquelles mans tan fines, jo mateix m'hauria deixat punxar!

HASSÈN (*suspicaç*): Les dones capturades al mar, com que són per a l'harem, en Saïd ni se les mira!

OSMAN: I diuen que anava per monja!

MAHOMET (*rient*): Sí, doncs ara...

OSMAN: Mira quin punyal! Té l'empunyadura en forma de creu!

MAHOMET: És un punyal cristià. Vés amb compte amb la fulla que, fins i tot quieta, talla. Jo sóc vell, però en tota la meva vida de pirata mai no he vist un botí com el d'ahir. Primer la noia, que no és nostra, sinó de l'harem. Després el vellot, el seu pare, que és ric i podrà pagar un bon rescat per la seva persona. I també el capità cristià, la càrrega, la tripulació...

OSMAN: Quants presos hi ha?

HASSÈN: Vint-i-vuit pel cap baix.

MAHOMET: Jo diria que en traurem quinze mil monedes d'or com a mínim.

OSMAN: Quinze mil! Ah, si fossin meves... Què dic, quinze mil? Si tan sols tingués mil monedes d'or.

MAHOMET: Mai no fan nosa.

En SAÏD *es desperta i escolta atent la conversa dels* PIRATES.

OSMAN: Tu, a la teva edat, què en faries?

MAHOMET: Jo? Doncs tenir-les!

OSMAN (*burleta*): Psssss! Tenir-les!

HASSÈN: Què en faries tu, Osman?

OSMAN: Donar-les. Si tingués mil monedes d'or i els peus en terra ferma, seria l'home més feliç del món. Allà a Alger hi ha una dona que m'estima. Jo sóc pobre. El seu pare és ric. Però si tingués mil monedes ella ja seria meva.

MAHOMET: Roba-la si no les tens.

OSMAN: Això mai!

MAHOMET (*rient*): Et passes el dia robant i ara tens escrúpols per prendre una noia?

En MAHOMET *i en* HASSÈN *riuen.*

OSMAN: Què en sabeu vosaltres, d'estimar? Ella m'estima, però també estima la seva família. Si jo la robés, li partiria el cor en dues meitats. Abans… que ella fos d'un altre.

SAÏD: Osman!

OSMAN: Capità!

SAÏD (*li tira un anell que s'ha tret del dit*): Té aquest anell. A Alger te'n donaran mil monedes d'or.

OSMAN (*l'agafa al vol i dubta si en* SAÏD *fa broma o no*): És cert? Sí? No?

SAÏD: Agafa l'anell i bona sort.

OSMAN (*agraït*): Saïd.

MAHOMET (*murmurant*): Que n'és, de boig! Tot ho dóna!

SAÏD: Acceptaries que ella fos d'un altre home?

OSMAN: Abans que això arribés, per no veure-ho, una tomba m'hauria obert al fons del mar.

SAÏD (*pensatiu*): Aneu… (*A en* MAHOMET, *l'*OSMAN *i en* JOANOT.) Tu no, Hassèn. Arregla'm la bena, que em rellisca.

HASSÈN (*sol·lícit*): Ara mateix!

SAÏD (*perdent la paciència*): Mal llamp! Que malament que ho fas! Vés a buscar la captiva!

ESCENA II

En Hassèn va a buscar la Blanca a la cabina del fons i torna acompanyat de la noia i d'en Carles. En Saïd s'enfurisma quan s'adona que no s'han complert les seves ordres i que encara van emmanillats.

Saïd (*cridant amb impaciència*): On és la cristiana? Que no arriba l'esclava? Mira, Hassèn, tu tens la culpa que la sang viva brolli una altra vegada de la ferida!

Hassèn: És que...

Saïd (*a en* Hassèn): Si t'esquincés l'esquena amb el fuet, sí que en series, de diligent! (*A la* Blanca.) Vine, cristiana!

Hassèn (*a part*): Si un altre em digués això, l'esclafaria!

Saïd: Cura'm com ho has fet aquest matí. La bena s'ha afluixat!

Blanca (*a part, movent-se amb dificultat per culpa dels grillons*):[4] Perdoneu, Déu meu, que toqui una altra vegada la mà d'aquest home impur.[5]

Saïd (*impacient i amb rudesa*):[6] Espavila't!

Carles (*a part*): Haver d'aguantar això!

Saïd (*quan s'adona que la noia porta grillons*): La noia encara està emmanillada? I el seu pare també? Què t'he ordenat abans, Hassèn?

Hassèn: Saïd, jo volia alliberar-los aquest matí, tal com tu havies manat. Però en Malek hi ha intervingut. Diu que quan el capità està malalt és ell qui mana al vaixell.

Saïd: Fes venir en Malek immediatament! Acosta les mans, noia, que et trauré els grillons.

---

[4] Grilló: Peça de ferro en forma d'arc aproximadament semicircular que es tanca i que serveix per subjectar una cadena al coll o a la cama d'una persona.

[5] Impur: No pur moralment, culpable de pecat.

[6] Rudesa: Mancat de delicadesa, de refinament, de cortesia, de poliment.

ESCENA III

En Saïd treu els grillons a la Blanca i l'obliga a curar-lo. La tracta amb rudesa. En Carles el provoca amb el seu menyspreu.

SAÏD (*a en* CARLES): Vine tu també.

CARLES: No. Ja m'estan bé els grillons.

SAÏD: Què has dit?

BLANCA (*temorosa d'en* SAÏD): Ja els hi trauré jo.

CARLES (*a la* BLANCA, *mentre l'allibera dels grillons*): Prefereixo morir abans que em toqui.

SAÏD: Au, vine i enllesteix.

CARLES (*mormolant en veu baixa*): Quin fàstic! Per què les ones no es van empassar aquesta gent?

BLANCA (*acabant d'arreglar-li el braç*): Ja està.

SAÏD: Deus estar contenta...

BLANCA: No ho sé...

SAÏD: Lliure...

CARLES: Lliure dins d'un vaixell pirata!

SAÏD: El teu pare m'enerva![7] Ja començo a penedir-me de tenir-lo aquí i no al calabós com tots els altres. Pel seu bé, assegura't que no obri la boca! El teu nom?

---

[7] Enervar: Fer perdre el nervi, l'energia, el vigor.

BLANCA: Blanca.
CARLES: No li responguis, filla.
SAÏD (*a part, intentant amagar l'emoció que li ha causat aquest nom*). Blanca... Per què l'hi he preguntat? El cor ha saltat dins el meu pit. La mare també es deia Blanca.

ESCENA IV

Entra en Malek i en Saïd el tracta amb severitat. El capità no vol mostrar la més mínima debilitat i, malgrat estar ferit, decideix pujar a coberta.

MALEK: M'has cridat, Saïd?
SAÏD: Sí. És que vull que et quedi clar que mentre se m'obrin els ulls i mentre respiri sóc el teu capità. Sóc jo qui ordena que visquis o que moris. El que jo vulgui. Tu ets el meu segon i l'únic que has de fer és ser el primer a obeir. I, ai!, si gosessis... Pensa que tu, tal com ets, no arribaries ni en somnis on sóc jo. I que jo, tal com sóc, fins i tot d'on ets et puc treure.
MALEK: És que deixar-los lliures...
HASSÈN (*sabent-li greu que repliqui*): Malek...
SAÏD: Et penses que els presoners em treuen el son? Només vull que arribin prou bé a la plaça com per vendre'ls al millor preu. El que sí que m'importa és que, aquí, tu tinguis clar que les meves ordres són llei.
MALEK: És que estàs ferit. Jo, en el teu lloc...
SAÏD (*saltant de la llitera*): Ajuda'm, Hassèn!
HASSÈN (*amb admiració*): On vas?
SAÏD (*recolzant-se en el braç d'en* HASSÈN): A coberta! Tu no, Malek, tu no em toquis. Amb tu ja puc, Hassèn.
HASSÈN (*a part*): En quin estat!
SAÏD (*pujant dificultosament les escales cap a la coberta*): Que em vegin els meus valents... i aquest maleït covard. Per quatre gotes

de sang perduda! Potser algú es pensava que al tauró se l'abat com un colom!

MALEK (*a part, mirant amb odi en* SAÏD): Si un dia caus en les meves urpes...

Se'n va.

ESCENA V

La Blanca, atemorida, plora en els braços d'en Carles mentre especulen sobre el seu destí.

BLANCA (*plorant*). Pare! Pare!

CARLES: Filla!

BLANCA: Només ens queda un camí: morir.

CARLES: La mort serà dolça si ve d'aquesta gent. Però, filla meva, si nosaltres mateixos ens matéssim amb les nostres mans... L'infern...

BLANCA: No continueu, pare. Que trista és la nostra sort!

CARLES: Gent maleïda!

BLANCA: Jo solament recordo que aquest vaixell s'acostava al nostre. Vaig veure-us davant meu, groc com la cera. Els mariners, resolts, feien rodolar els canons. Per totes bandes van aparèixer les armes. El vaixell cada vegada més a prop, més a prop. «Què vol?», vaig preguntar. «Són pirates!», em digueren. Pirates! I de cop tot es va fer negre i com morta vaig caure a terra. Per què vaig despertar després? Per veure com el vaixell s'enfonsava i la nostra gent captiva o morta!

CARLES: I demà, Blanca, demà... Quin horror!

BLANCA: Què passarà demà?

CARLES: De les cadenes, filla, jo em podré rescatar. Em sobren diners, i un vell, què val? Però, tu, tan bonica, tan jove…

BLANCA: No viuré presonera, pare. Abans…

CARLES: Calla, Blanca, que ofens el cel! Què anaves a dir? Tu ets bona! Estic segur que Déu farà un miracle per salvar-nos. Per què ens ha de castigar? Quan em mori, no he promès les meves terres a l'Església? No et vaig tancar de ben petita en un convent? Qui hi ha al món que sigui més pura? És que era un pecat portar-te a Barcelona, al convent del Carme, prop de la meva germana, l'abadessa? Que potser no és aquesta la teva vocació i el teu desig?

BLANCA: Oh, sí!

CARLES: Qui podria imaginar-se que tota aquesta gent hagi nascut a la nostra terra? Per què fa vint anys només ens vam limitar a expulsar-los de València en comptes de llançar-los directament al fons del mar? Aquests que ara ens ataquen són els que viatjaven a les naus que vam enviar a Alger. I així ens ho paguen. Jo t'asseguro, Blanca, que l'infern s'obre per rebre cada sarraí que mor, i que el cel s'obre a qui, morint, el mata.

BLANCA: Potser és això, pare, potser a Déu li cal estar-ne segur, de la meva vocació. Recordeu quan em vau fer tancar a la cel·la? Vaig passar sense gairebé adonar-me'n de jugar amb nines a servir Jesús. Les llàgrimes em queien quan estava sola i, al temple, em distreia sovint, però la mà de la germana prement la meva espatlla sempre em tornava a la realitat. Aleshores mirava l'altar i les seves imatges em recordaven les nines, però amb la mirada més trista! Amb el pas dels anys vaig anar oblidant nines i jocs, i ha arribat un moment que, d'aquí la terra, només en desitjo la clausura. I això és solament mèrit vostre, pare. Vós m'heu fet tal com sóc. I jo em pregunto, què he fet jo per Déu? Potser ara ha decidit provar-me, i per això ens ha posat en aquesta nau. I jo us juro, pare, que no fallaré.

Carles: Oh, que orgullós que estic, la meva dolça Blanca, d'haverte tret del món. Tu vas néixer per servir Déu. Però en aquests moments m'horroritza la nostra sort. Aparteu aquest calze de nosaltres, Senyor!

Blanca: No, jo no vull que l'aparti dels meus llavis! Jo vull acabarme'l tot, amb tota la seva amargor.

Carles: No et comprenc.

Blanca: Si jo no em sé comprendre a mi mateixa, com podeu ferho vós? Però sé que el cel em mira i em sento feliç d'afrontar el perill!

Carles: Filla. Els pirates!

Se'n van a la cabina.

ESCENA VI

En Hassèn, amb una teia a la mà, encén el fanal de la cambra perquè ja s'ha fet fosc. Poc després, en Ferran, el capità cristià, baixa les escales amb dificultat, conduït per l'Osman.

HASSÈN (*a part*): No convé mitja llum. Que en Saïd pugui llegir les mentides al seu rostre! (*Alt.*) Ep, Osman! Que no porten el capità del vaixell cristià?

OSMAN: Ja és aquí.

Baixa en FERRAN.

HASSÈN: Deixa'l, i que dos homes vigilin l'escala.

ESCENA VII

En Ferran es diverteix fent enrabiar en Hassèn.

FERRAN: Quina cabina tan enorme! A veure si ho endevino... És d'en Saïd?

HASSÈN: Per a tu, del noble i gran Saïd.

FERRAN: No et diré que no ho sigui. Sé reconèixer un home valent i m'agrada la gent com ell.

HASSÈN: Dius que l'estimes?

FERRAN: Tant com això! Posa't tu mateix en el meu lloc!

HASSÈN (*empipat*): En Saïd fa allò que ha de fer. Vosaltres sou molt pitjors! Ja veuríem com actuaries tu!

FERRAN (*burleta*): Però, home, qui t'empeny? De seguida poses vela...

HASSÈN (*picat*): Vejam. Si fos el teu vaixell i tots nosaltres fóssim presoners, què faries?

FERRAN: Jo? Res, o gairebé res.

HASSÈN (*més picat*): Què?

FERRAN: Només us penjaria a tots dels pals del vaixell. I el teu noble Saïd, per damunt de tots.

HASSÈN (*amenaçador*): Fill del Messies!

FERRAN: No preguntis si no vols saber. I fes alguna cosa útil com dir-me què faig en aquesta cambra.

HASSÈN: El mateix Saïd t'ho farà saber. I si no respons ràpid i bé tot el que et pregunti, allí dalt de les vergues,[8] allí on volies col·locar el capità, ell a tu et penjarà.

Ferran (*irònic*): No, que a la plaça puc valer moltes monedes d'or: sóc jove, amb forces per lluitar, si calgués, contra tu i els altres.

En HASSÈN *marxa irat.*

ESCENA VIII

En Ferran es queda sol.

FERRAN: Espera! Quin geni! Ha marxat! Realment és el gos d'en Saïd. Ara que volia preguntar-li per la Blanca i l'oncle!

[8] Verga: Pal llarg i estret que serveix per lligar-hi una vela.

ESCENA IX

En Ferran se sorprèn en veure la Blanca moure's lliurement per les estances del capità i escandalitza la noia amb una confessió inesperada.

FERRAN: Blanca!

BLANCA: He reconegut la teva veu! No m'he enganyat!

FERRAN: I l'oncle?

BLANCA (*fent mitja volta*): Vaig a cridar-lo.

FERRAN (*aturant-la*): No, no, espera. Com pot ser que tu i el teu pare romangueu en llibertat si a nosaltres ens tenen amuntegats, plens de grillons i sense llum?

BLANCA: És que, Ferran..., m'obliguen a curar el braç del capità. Veuràs... El pare...

FERRAN (*contenint-la*): No, cosina, no el cridis encara. Abans escolta el que t'he de dir. Potser aquesta serà l'última vegada que ens trobarem. Quan arribem a Alger ens vendran.

BLANCA: A mi no.

FERRAN: Però, cosina...

BLANCA (*assenyalant el cel*): Déu és pertot arreu i cuida de nosaltres.

FERRAN (*confós*): Sí, Blanca, això és ben cert. Però ara necessito que m'escoltis. Vull dir-te un secret de fa molt de temps. Te'n recordes quan tots dos érem nens? Recordes la teva mare?

BLANCA: Sí, sí que la recordo, malgrat que solament tenia quatre anys quan va morir.

FERRAN (*somrient*): Doncs ella t'havia destinat a ser la meva esposa.

BLANCA (*sorpresa*): Oh!

FERRAN: Sí, Blanca.

BLANCA (*ofesa*): Ferran!

FERRAN: Aleshores jo t'estimava com tan sols pot estimar un nen. De la meva boca mai no haurien sortit aquestes paraules, però ja que tot es trenca, fins i tot la teva clausura, he volgut que sabessis que encara t'estimo. Volia dir-t'ho abans que els pirates ens vinguin a separar potser per sempre.

BLANCA (*molesta i avergonyida*): Prou, Ferran, prou. Les teves paraules són un pecat per a l'ànima. Què has vist en mi que m'ofens tirant-me per la cara un amor que sols pot ser fill del diable?

FERRAN: No, no, cosina, no. Fins i tot el teu pare deia paraules d'amor a la teva mare durant aquells dies… de felicitat.

BLANCA (*fent un pas cap a la cabina*): No et vull ni sentir.

FERRAN: Hem vingut a la vida per estimar.

BLANCA: Per estimar Déu.

FERRAN: Sí, però quin bé li fas, a Déu, tancada i a l'ombra? Què seria del món si tothom prengués la teva decisió? I què n'és, de la teva vida? Blanca, mira com eres i com ets avui! Mira com t'han canviat!

BLANCA: És que, Ferran, jo odio el món. L'avorreixo.

FERRAN: Què dius, Blanca?

BLANCA (*sense saber què dir*): És que tu… tu… tu…

FERRAN: Parla, digues!

BLANCA: Ets Satanàs!

FERRAN: Jo!

BLANCA: Si t'escolto em perdré!

FERRAN: D'on ho has tret, això?

BLANCA (*sense saber què dir*): És que…

ESCENA X

Entra en Carles i interromp una conversa per a la qual la noia ja no tenia respostes.

CARLES: Nebot!

BLANCA: Veniu, pare, sisplau. Vós sabreu respondre les seves qüestions!

FERRAN (*abraçant-lo*): Oncle!

CARLES: Ferran, ja ens veus!

BLANCA (*afectada encara per la conversa*): Ferran, pregunta-ho a ell. Parla-li amb aquelles paraules torbadores.

FERRAN: Més que aquest lloc, oncle, si hi ha una cosa que trobo angoixant és la vostra filla. S'ha convertit en una estranya per a mi. Aquesta és la nostra Blanca? Fa anys, ho recordo bé, era alegre, ardent, entusiasta per tot. I avui, gelada; el cor sense glatir. Rostre de nena, cor de vella.

BLANCA: No és cert!

FERRAN: Li he dit que l'estimava.

CARLES: L'estimes? Primer que se li obri el mar abans que ser l'esposa d'un altre que no sigui Déu.

FERRAN: No puc negar que sé per què portàveu la cosina al meu vaixell de Palma a Barcelona. Si no ens haguessin fet presoners els pirates, ella ja seria tancada al convent i dels meus llavis mai no hauria sortit una paraula.

CARLES: Però el que hauríem de fer ara és pensar com hem d'actuar, Ferran. Cal que fugim!

FERRAN: Però com?

CARLES: Per ella!

FERRAN: Si amb la meva sang…

CARLES: Silenci! Ja són aquí!

ESCENA XI

El pirata Joanot baixa lentament l'escala immers en els seus pensaments. No té ni idea de qui hi ha a baix. La Blanca, torbada per la conversa que ha tingut amb en Carles i amb en Ferran, ha marxat cap a la finestra. Quan en Joanot descobreix que no està sol, ja és massa tard per fugir i es veu assetjat per l'interrogatori a què el sotmeten en Ferran i en Carles.

JOANOT (*a part*): Els cossos dels morts van caient a l'aigua. Tots miren cap a Orient, com a bons musulmans. No suporto aquesta cerimònia. Sento com si els difunts em cridessin des del fons del mar i com si una mà m'empenyés per l'espatlla a saltar. Tinc fred i por...

BLANCA (*atemorida en veure la cerimònia*): Déu meu!

CARLES (*anant a la finestra seguit d'en* FERRAN): Què passa, Blanca?

JOANOT (*sobresaltat*): Qui crida?

CARLES: Què és això?

BLANCA: Un home al mar... i després un altre... i un altre...

FERRAN: Són els pirates ferits que han acabat morint. Els llencen al mar.

JOANOT (*a part*): Si jo morís, el meu cos també el tirarien al mar, com si fos un fill de Mahoma.[9] I la meva ànima aniria directa a l'infern. Sóc un monstre! Sento horror de mi mateix i no puc fugir del meu destí. La meva vida està condemnada a acabar entre aquesta gent. Si jo tornés a la meva terra, el Sant Ofici...[10] Oh, no!

En JOANOT *amaga el rostre entre les mans.*

[9] Mahoma: Fundador de l'islam.

[10] Sant Ofici: Organisme eclesiàstic que tenia com a finalitat vetllar per la puresa de la fe, investigant els errors i castigant-los públicament. Abans d'anomenar-se així, rebia el nom d'Inquisició.

FERRAN: No pensava que n'haguéssim mort tants. Queda clar, oncle, que ens vam defensar bé.

BLANCA (*amb els ulls fixos al mar*): Ja no en queda cap rastre. Ni un petit glop d'escuma!

CARLES: Que cada gota del mar es converteixi en foc per a ells!

FERRAN: Que Déu els hagi perdonat!

JOANOT (*acabant de baixar l'escala*). Qui parla de Déu i de perdó? Els cristians!

FERRAN: Els mateixos. Vine.

CARLES (*a en* FERRAN): No li parlis.

FERRAN: Digueu-me, oncle, què hi perdem?

JOANOT (*a part, dubtant*): I si em reconeguessin? Però fa tants anys!

FERRAN (*tocant-lo per l'espatlla*): T'amagaves?
JOANOT (*rient per dissimular*): Jo? De vosaltres? Què voleu?
CARLES (*amb menyspreu*): De tu, res.
FERRAN: Oncle...
CARLES: Si és un vil condemnat!
FERRAN: Et dius...
JOANOT: Joanot!
CARLES: Com?
FERRAN: És freqüent que us posin noms cristians?
JOANOT: No.
FERRAN: Però tu et dius Joanot. Digues, ets un renegat?[11]
CARLES: Oh!
JOANOT (*desconcertat*): Jo?
FERRAN: Ho portes escrit al rostre.

En JOANOT *riu estúpidament.*

BLANCA: No el vull veure, pare! No el vull veure!

En CARLES *se l'emporta protectorament cap a la cabina.*

ESCENA XII

Quan la Blanca desapareix, l'interrogatori a en Joanot es torna més cru.

JOANOT (*rient com un babau*): M'heu pres per qui no sóc. Ja n'hi ha prou i massa d'aquesta! Mai no he estat cristià!
CARLES: Doncs jura-ho!

[11] Renegat: Que renuncia a la pròpia religió per abraçar-ne una altra.

JOANOT. Us ho juro!
FERRAN: Jura-ho per la teva mare, Joanot.
JOANOT (*intentant riure*): Si no en tinc, de mare!
FERRAN: Jura-ho per ella, que et sent des d'allí on és.
JOANOT (*sanglotant*): No!
CARLES (*amb menyspreu*): Al final era un miserable!
FERRAN (*mirant-lo amb tristesa*): Un desgraciat!

ESCENA XIII

Se sent el soroll de molta gent que arriba. Entren els pirates (Saïd, Hassèn, Malek, Mahomet, Osman i d'altres). En sentir l'estrèpit, en Joanot fuig com un esperitat.

JOANOT (*en sentir el soroll*): Calleu! Us ho demano!
CARLES: No em toquis, renegat.
FERRAN (*amb compassió*): Vés.
MAHOMET (*amb sorna, en ser envestit per en* JOANOT, *que fuig corrent*): On va l'ocell de nit? Joanot!
OSMAN: Ca! Deixa'l! Ni ens ha vist!
FERRAN (*a en* CARLES, *que mostra obertament el seu menyspreu*): Mantingueu la calma, oncle.
CARLES: Com ho he de fer? (*a part*). Pel cel, que ignorin el meu càrrec militar!

ESCENA XIV

En Saïd i els pirates es preparen per treure informació d'en Ferran, el capità del vaixell cristià. Però en Ferran inicia un agosarat joc de paraules amb en Saïd.

SAÏD: On és el cristià?
MALEK: Mira'l.
SAÏD: Acosta't! Ets el capità del vaixell que vam abordar?
FERRAN (*amb serenitat*): L'era.
SAÏD: I et dius?
FERRAN: Ferran Marquet.
SAÏD: Gràcies a les teves cartes hem tingut noves de Palma.
FERRAN: Com? Heu llegit els meus papers?
SAÏD (*tranquil·lament*): Parlaven d'un vaixell que està a punt d'abandonar les illes amb un tribut[12] per al rei. Només cal que em confirmis el port d'on ha d'eixir. (*En* FERRAN *fa que no amb el cap.*) I el dia! I l'hora!
MALEK (*s'acosta a en* FERRAN *i parla amb en* SAÏD): Si vols...
SAÏD (*a en* MALEK): Aparta't!
FERRAN: Podria dir-te que no en sé res, però no va amb mi dir mentides. Ni tan sols a tu.
MALEK: Tu parlaràs!
MAHOMET: Se l'ha de torturar!
SAÏD (*mirant fixament en* FERRAN): Deixeu-lo! Ja saps quin poder tinc aquí. T'hi va la vida. (*A part.*) M'agrada aquest home. M'admira el seu valor. Però si traeix els seus, el faré penjar dalt del pal major.
MALEK (*a en* FERRAN): Parla ja!
HASSÈN: Sí, parla.

[12] Tribut: Diners que una nació pagava com a reconeixement de submissió, com a preu de la protecció, en virtut d'un tractat.

FERRAN (*a en* SAÏD): Si fossis en el meu lloc, tu parlaries?
SAÏD: Per què preguntes si ets tu qui ha de respondre?
FERRAN: A hores d'ara ja hauries de tenir clar que mai no et diré el que vols saber.
SAÏD: I si et fuetejo?
FERRAN: Moriré sense respondre't. Oncle! Pensaven que jo seria un traïdor!
CARLES: Ells no saben què és l'honor.
SAÏD: I a tu, qui et diu res, rata de claveguera? I la cristiana? On és la dona?

ESCENA XV

La Blanca entra atemorida, però no és capaç d'aturar el seu pare. En Carles aconsegueix enfurismar en Saïd de tal manera que explicarà a tots els presents la injustícia que va patir la seva gent de mans dels cristians. En escoltar el cru relat d'en Saïd, la jove captiva fa una cosa que canviarà l'actitud d'en Saïd i el curs dels esdeveniments.

SAÏD (*a la* BLANCA): Quan et cridi, no triguis! I ara emporta't aquest vell, que si no...
FERRAN (*a en* CARLES, *que es disposa a respondre*): Calleu! Ens hi va la vida a tots!
BLANCA: Veniu, pare.
CARLES: No, filla, no! Què val la nostra vida? M'indigna veure aquesta gent odiosa!
FERRAN: Oncle!
HASSÈN: Per qui ho has dit?
SAÏD: Hassèn, aparta't! Vull veure com s'estarrufa aquest gall sense cresta ni esperons. Sempre amb la paraula honor als llavis i enar-

borant la bandera d'un Déu que només sap trepitjar! Aquest és un dels que, en nom de la religió, ens van robar tot el que teníem. Ni tan sols van voler deixar-nos un racó als estables, al costat de les bèsties! Ni un forat a terra per morir en pau. Però què podíem esperar d'una gent que porten el punyal i la creu tot d'una peça? (*En* SAÏD *despenja el punyal amb l'empunyadura de creu, el llança a terra i assenyala en* CARLES.) I ara, escolteu tots, que gran que és la seva vergonya! El meu pare era morisc[13] i estava enamorat d'una cristiana. Va fingir la seva conversió al cristianisme per casar-se amb ella. Jo vaig néixer d'aquella unió i vaig créixer, en un jardí de flors, sentint la música dels textos de l'Alcorà i els de la Bíblia. Quanta felicitat!
Però la pau era solament dins de casa nostra. Una nit el pare va abraçar la mare, va agafar una eina de la feina i va sortir. Quan va fer-se de dia, trucaren a la porta. Els cops ressonaven pertot. La mare, atemorida, preguntava: «Qui hi ha?». Van llançar un cos als nostres peus i se sentí una veu plena d'odi: «Dona, és el teu marit. Enterra'l». Passaren els dies i una nit la mare em va despertar: «Fill meu, ja és l'hora». I em va agafar a coll, i les seves llàgrimes em mullaven. Jo només tenia sis anys. Ens van pujar en una barca amb altres presoners, i mentre la terra cendrosa s'allunyava i la fortor de la sang ens dificultava respirar, la mare em va dir a cau d'orella: «Els que van matar el teu pare també em mataran a mi. No volen que quedi cap rastre dels moriscos que els van enriquir». No havia acabat de dir aquestes paraules, que uns mariners cristians ja m'arrencaven dels seus braços. Ella s'hi va resistir i els monstres l'estiraren pels cabells. Vaig sentir un cop fort i la seva sang em saltà al rostre. Però ella, fins i tot moribunda, continuava estrenyent-me la mà, amb les

[13] Morisc: Descendent dels musulmans que va continuar vivint a la península Ibèrica després de la conquesta cristiana.

ungles clavades a la meva carn. «Si et salvessis, fill meu, venja'ns! Venja'ns!» (*Pausa.*) I aquí teniu el vell, un dels que ens va enviar a Alger! I li fem horror! I diu que les hienes, els lladres, els assassins som nosaltres!

BLANCA (*sanglotant*): Pare, oh!, pare!

CARLES (*amb indignació*): Plores?

SAÏD (*amb marcada sorpresa*): Plora?

FERRAN (*amb dolçor*): Blanca...

CARLES (*horroritzat*): Plores per aquesta gent?

FERRAN (*a en* CARLES): Deixeu-la!

SAÏD: Plora... i és cristiana?

MALEK (*amb intenció de trencar el moment*): Saïd, el capità cristià encara no ha dit res!

SAÏD: No hi fa res! Prou per avui! Ja és de nit. Au, emporteu-vos-el. Demà serà un altre dia!

HASSÈN (*a en* MALEK): Què murmures? Que us n'aneu, ha dit!

MALEK (*a part*): Jo sí que el faria parlar, el presoner! (*A en* FERRAN.) Au, puja!

FERRAN: Calma, oncle! Blanca, adéu! Adéu, Hassèn! (*Des de mitja escala, a en Hassèn amb ironia.*) Visca el noble i gran Saïd!

En HASSÈN *es remou com un gos rabiós.*

ESCENA XVI

Els pirates han marxat i només queden, en una banda, la Blanca i en Carles i, a l'altra, en Saïd i en Hassèn.

CARLES (*agafant la* BLANCA *amb brusquedat i portant-la cap a la cabina*): Filla, has plorat pel que ha dit aquell animal?

BLANCA (*s'eixuga els ulls amb força malgrat que encara els té ben vermells*): Sí, pare, i no em retragueu les llàgrimes. Ja han passat. Mireu!

SAÏD: Hassèn, que soni el corn. Tothom a dormir!

HASSÈN: Ja hi vaig.

ESCENA XVII

En Carles retreu a la Blanca la seva debilitat per les paraules d'en Saïd. Mentrestant, el capità pirata roman en un racó de l'estança, immers en els seus pensaments.

SAÏD (*a part*): Per què ha plorat, la cristiana?

CARLES (*rebutjant la* BLANCA *quan ella intenta acostar-se-li*): Aparta't.

BLANCA: Pare, no em rebutgeu!

CARLES: Tu ets la meva filla?

BLANCA: Pietat, pare! No havia d'haver plorat! No havia d'haver plorat per aquest pirata. Tremolo de vergonya! Em sento horroritzada de mi mateixa. Però, pare, us juro que aquesta mateixa nit em faré digna de la vostra confiança i de la vostra estima. I que aquesta nit Jesús també podrà perdonar les meves llàgrimes.

CARLES (*a part, entrant a la cabina*): Què vol dir?

BLANCA (*a part, seguint-lo*): Ja ho he decidit!

ESCENA XVIII

En Saïd s'ha quedat sol. En Hassèn, que baixa les escales, i el corn que se sent a la llunyania el treuen del seu ensopiment. La conversa que en Saïd manté amb en Hassèn gira a l'entorn del que acaba de succeir. En Saïd té sentiments enfrontats i, com sempre, ho fa pagar al seu amic fidel.

SAÏD (*a part, mentre s'estira a la llitera*): La noia no fingia. N'estic segur. Mai no he vist plorar així una dona; altres presoneres ploraven de por. Però ella... (*Se sent un soroll i en* SAÏD *es gira contrariat.*) Qui baixa?

HASSÈN: Sóc jo. Què, capità, ja tenim son?

SAÏD (*molt sec*). Sí, deixa'm. Vés-te'n.

HASSÈN: Bé, ja me'n vaig. I la ferida?

SAÏD (*volent acabar*): Es cura.

HASSÈN (*a part*). Sempre trist. Em fa tanta pena!

SAÏD (*a part*). I és cristiana, i monja, o què sé jo...

HASSÈN (*des de la finestra*): No corre ni un alè d'aire.

SAÏD: Encara ets aquí? Fora!

HASSÈN: Sí, ja me'n vaig. La llum...

Gira el fanal de manera que quedi a les fosques l'escena a la part on hi ha la llitera d'en SAÏD.

SAÏD (*a part*): Sols el vell Hassèn m'estima.

HASSÈN: Sembla que has entendrit aquella dona.

SAÏD (*fingint el riure*): Jo? Bah! Qui sap per què plorava. Les presoneres ploren per res.

HASSÈN: I quines llàgrimes!

SAÏD: L'has vista bé?

HASSÈN: I tant! Però estic segur que aquell plor era una farsa.

SAÏD: No, n'estic ben cert! Plorava de debò!

HASSÈN (*es burla*): Sí, sí, ja.

SAÏD (*enfadat, assenyalant-li l'escala*): Au, vés-te'n! Quan jo ho dic és que ho sé. (*En veure que vol insistir.*)

HASSÈN: Ja me'n vaig. (*Puja les escales a poc a poc i s'ajeu a l'últim graó.*) Quin geni! És insofrible! I sóc jo qui ha de pagar el seu mal humor. I pensar que si no fos per mi... Que poc s'ho pensa, en Saïd. Jo a tots calmo quan murmuren contra ell. Em diuen que sóc el seu gos, i ho sóc amb tota l'ànima perquè ell val més que tots. (*Mig adormit.*) Aquest és el meu lloc: el gos vora el seu amo.

ESCENA XIX

La Blanca entra a la cambra i, enmig de grans vacil·lacions, es dirigeix lentament cap a la llitera d'en Saïd. S'atura un moment per agafar el punyal amb puny de creu i quan l'aixeca per clavar-lo al cor de pirata, aquest es desperta...

BLANCA (*a part*): M'ofego!... El meu cor! Quins cops que dóna. Sembla que corri desbocat. Aire! Com m'ha pogut trasbalsar tant un fill de Mahoma! El meu pare m'ho ha hagut de retreure. Però ara mateix el compensaré. Què dèieu, pare, que l'infern s'obre per rebre cada sarraí que mor i que el cel s'obre per a qui, morint, el mata? Segurament sóc boja, però tinc la sensació que Déu em beneeix des del cel. Com tremolo. Ja el sento respirar. Com pot ser que respiri com el pare si no és humà? Però ha de morir. Ha de morir! Aquí el punyal! (*Agafa el punyal amb empunyadura de creu penjat al mur.*) Coratge. Solament un pas més. Pare, adéu. Et saludo, mort.

I aixeca el punyal per enfonsar-lo al pit d'en SAÏD.

SAÏD (*es desperta i lluita amb la* BLANCA): Miserable! Traïdor! Qui ets?

BLANCA: Déu meu.

SAÏD (*reconeixent-la per la veu*): La captiva! Tu un altre cop! Qui ets, dona estranya?

Se l'emporta d'una revolada a la banda oposada de l'escena, que està il·luminada pel fanal.

BLANCA: Ah!

SAÏD: Tant m'odies que vols la meva sang? Respon! Per què tremoles? Què volies fer? Pobra, com t'enganyes! Et pensaves que enfonsant un punyal al meu pit em podies prendre alguna cosa més que la vida? Potser l'amor? Potser la glòria? T'equivocaves! Sóc un sepulcre que sura sobre el mar portat per les ones. No retrocedeixis. Creus que m'he enfadat? Amb tu… que encara tens la galta humida per les llàgrimes? Aixeca el punyal, noia. Aquí. (*S'obre la camisa i condueix l'arma cap al seu pit.*) Aquí. Aquí dins tinc això que es diu cor. Fereix, clava sense por.

La BLANCA *es desmaia i en* SAÏD *la recull sense deixar-la caure.*

Teló ràpid.

La mateixa decoració.

ESCENA I

Acaben d'esmorzar. En Joanot recull els plats i els posa en un cistell. La Blanca mira el mar des de la finestra i en Carles, assegut a la taula i amb el cap baix, mostra la seva frustració per la presència del renegat.

JOANOT (*a part*): Tremolo només de mirar-los. Des que són aquí, el record del meu passat em tortura. No puc evitar sentir-me prop d'ells. Tant que m'odien i si estigués en les meves mans els alliberaria ara mateix. Però sóc el renegat. Sóc un Judes. Sols que ell es va penjar i jo no tinc el valor per fer-ho!

CARLES: Encara és aquí?

La BLANCA *està distreta.*

BLANCA: Pare?

CARLES: Encara és aquí?
BLANCA: Qui, pare?
CARLES: El renegat.
BLANCA: Sí.
CARLES: Em causa repugnància.
JOANOT (*a part*): Per què en Saïd ha volgut que fos jo qui els servís? És per odi? Si és per això, va molt equivocat, perquè els dono el millor que tinc a la cuina. Però, com cada dia des que són aquí, amb prou feines ho han tastat. Si això durés més, es moririen de fam.

En JOANOT *se'n va.*

ESCENA II

En Carles retreu a la Blanca que parli amb els pirates i li suggereix que resi.

CARLES: Ja és fora el renegat? No suporto ni mirar-lo. I que sigui ell qui ens porti el menjar... És una crueltat intolerable! No ho penses així? Blanca!
BLANCA: Ah... Em crideu?
CARLES: És que estàs resant?
BLANCA: No, no, pare. No sé què em passa, però no puc resar. Estic com febrosa. Els meus pensaments són confusos. Començo una pregària i, de cop, el meu cap ja no sap on és...
CARLES: Les hores es fan eternes aquí. Aquesta calma em consumeix lentament.
BLANCA: Ja fa nou dies que van abordar-nos i que ens tenen presoners.

CARLES: Nou anys em semblen a mi!

BLANCA: Coratge, pare. Oh, què teniu? La mirada aparteu de mi? Què he fet malament? Digueu-m'ho, sisplau.

CARLES: M'avergonyeixo de tu, filla. No entenc per què no tractes aquests pirates com el que són. I és que tu, a més, hi parles.

BLANCA: No és així, pare. Només els responc si em pregunten. Res més. I sempre que puc me n'allunyo.

CARLES: Fins i tot el capità sembla un altre.

BLANCA (*ràpidament i amb certa emoció*): Creieu-me, pare, no li he dit res, al... desgraciat.

CARLES: Desgraciat no, lladre.

BLANCA: Com vulgueu, pare.

CARLES (*exaltat*): Assassí, he dit, assassí.

BLANCA: Oh! (*Es disposa a disculpar en* SAÏD, *però abaixa el rostre avergonyida.*) Parlem d'una altra cosa, pare. Això em fa massa mal.

CARLES: És que tinc tanta ira al meu pit, Blanca; tanta ràbia de veure'm a les seves mans, que em sento defallir. Oh, Déu, si jo morís abans de tocar terra, què seria de tu?

BLANCA: Pare, sisplau, allunyeu de nosaltres aquest núvol espantós.

CARLES: Però és Déu qui em mana que el segueixi. Jo..., abans de tancar els ulls per sempre, voldria sols... veure en Ferran. Cal demanar-li que vetlli per tu, Blanca!

BLANCA: Això és impossible!

CARLES (*resolt*): Jo no ho demanaré mai a en Saïd.

BLANCA (*a part, amb terror i vergonya*): Jo tampoc. Jo mai li parlaré. Mai de la vida. (*Alt.*) Pare, descanseu.

CARLES: I tu resa, filla meva.

La BLANCA *va amb ell fins a la porta de la cabina.*

ESCENA III

La Blanca intenta resar, però els seus pensaments la confonen i la turmenten. Els successos d'aquests dies han despertat una part d'ella que desconeixia.

Blanca: Em demana que resi. I la meva boca s'omple de paraules pietoses, però el cor se m'esgarria. Sense voler-ho, tinc pietat d'aquest home. Pietat! Quin horror. Pietat d'un home que roba, que mata. (*Pausa.*) Però per què va perdonar-me? Per què no em va treure la vida? Què li importava vessar una mica més de sang? Em vaig desmaiar i quan vaig tornar a obrir els ulls era al llit, al costat del meu pare. I sota meu, el punyal (*El porta amagat al pit.*) Per què em va deixar el punyal? (*Pausa.*) Per què he de pensar contínuament en ell si és mort per a Déu? Però potser un dia tornarà a ser bo, com quan tenia sis anys i la seva mare l'estrenyia entre els seus braços. Ho vaig veure en els seus ulls. Semblaven els teus, Jesús, des de dalt de la creu, tan profundament tristos. (*Espantada del que, sense adonar-se'n,*

acaba de dir.) Però, què dic? Si em sentissin al claustre! Com puc pensar una cosa així? És el diable que em tempta! Déu meu, ajuda'm o arrenca'm el cor i el pensament com a càstig!

La Blanca *es cobreix el rostre amb les mans.*

ESCENA IV

Entra en Hassèn amb l'actitud d'un gos apallissat. La Blanca parla tímidament amb ell i li demana que intercedeixi davant d'en Saïd perquè en Carles pugui tornar a veure en Ferran una última vegada.

Hassèn (*a part*): Me'n vaig per no sentir-lo més! Malviatge! Quin home tan estrany! Maleït el moment que vaig començar a ser-li fidel. Quin geni! Si no m'aparto, m'apallissa. Em pega perquè he dit que la dona és bonica. Però si li dic que és lletja, em mata. Un altre esta-

ria satisfet amb la caça que vam fer, però ell està pitjor que mai. Té les males puces al cos des que vam abordar el vaixell cristià.

BLANCA (*a part*): Si jo pogués aconseguir que aquest home...

HASSÈN (*a part*): I els mariners cada dia murmuren més. I jo no puc dir-ne res. Els tracta com bèsties.

BLANCA: Perdoneu...

HASSÈN: Què? (*A part.*) Vaja si és bonica!

BLANCA (*amb por*): Voldria fer-vos una pregunta.

HASSÈN: Digueu, doncs.

BLANCA: Voldria saber si Alger és a prop.

HASSÈN: Abans que acabi el dia veurem les seves terres.

BLANCA (*esglaiada plorant*): Ah! Déu meu!

HASSÈN (*a part*): Oh, no! Llàgrimes! Això no fa per mi!

En HASSÈN *fa un moviment per tornar-se'n.*

BLANCA: Senyor, escolteu-me, us ho prego. Vós feu cara de bona persona.

HASSÈN: Aneu errada, senyora. No ho sóc i si...

BLANCA: Salveu-nos quan arribem a terra.

HASSÈN: Calleu, senyora, primer donaria la vida que trair el capità! És un home cruel, ho reconec. Però jo no l'abandonaria ni per tot l'or del món. Jo sóc el gos i ell és l'amo.

BLANCA: Pregueu-li, doncs...

HASSÈN: Que vingui?

BLANCA: Que permeti que el meu cosí vingui un instant. El pare vol parlar-li.

HASSÈN: I com voleu que jo gosi demanar-ho a en Saïd?

BLANCA (*plorant una altra vegada*): Us ho demano pels vostres pares, pels vostres fills.

HASSÈN (*rient*): Busqueu-los! Sóc bord i no tinc fills. Però per què ploreu si us faran sultana? (*Tractant de consolar-la.*) Totes les dones que capturem els pirates se les queda qui mana a terra. Aquesta és la llei. Per a nosaltres seran la càrrega i els homes. I ell és qui les tria: les boniques per a l'harem. Les lletges, les regala o les ven. Vós sou preciosa. La tria està feta!

La BLANCA *fuig cap a la cabina esfereïda.*

HASSÈN (*adonant-se del que ha fet*): Ves què li he dit. Que en sóc, de bèstia!

ESCENA V

En Malek descobreix que en Hassèn ha estat parlant amb la presonera malgrat que els està prohibit. Quan arriba en Saïd, li demana que lliuri en Ferran als pirates. En Saïd, furiós, s'hi nega i el destitueix com a segon.

MALEK: Hassèn!
HASSÈN: Què hi ha?
MALEK: T'he vist parlant amb la captiva. Aquí no hi ha ordre ni res! Està prohibit parlar amb els presoners.
HASSÈN: És que potser m'espies?
MALEK: Si jo governés aquí...
HASSÈN: Massa que te'n deleixes, però ara per ara...

En SAÏD *va baixant molt pensatiu.*

SAÏD: Deixeu-me sol!
MALEK: És que et buscava.
SAÏD (*malhumorat*): Digues.

MALEK: Saps fins a quin punt t'aprecien els pirates. Saps fins a quin punt s'exposen durant l'abordatge…

SAÏD: Al gra, Malek.

MALEK: Avui fa nou dies de la darrera captura. Vas ser testimoni de la valentia dels teus homes.

SAÏD: De pressa, acaba.

MALEK (*amb feresa*): Volem que ens donis el capità del vaixell cristià. Ens insulta des de la reixa. I no fa ni una hora, quan li repassava els grillons, m'ha partit els llavis d'un cop. Mira'm. Vull beure'm la seva sang de cristià.

SAÏD: Així que vols matar-lo?

MALEK: Sí, vull enfonsar-li l'arma fins al puny.

SAÏD: Molt bé. I vaig errat si penso que voldràs matar-lo engrillonat? I que encara voldràs que dos dels teus el sostinguin? Mi-

serable! Marxa del meu davant. Torna quan trobis el valor que et falta. Aleshores el deixaré lliure, armat com tu, i et juro ara que si per terra et tirés no seria jo qui corregués a alliberar-te. Pel que vals! Au, vés-te'n!

HASSÈN (*a part*): Això és ser home, això.

SAÏD: No, espera't. Dóna'm les claus dels presoners.

MALEK: Què?

SAÏD: De seguida!

MALEK: És que...

SAÏD: De seguida!

MALEK: És que...

SAÏD: Les claus, he dit!

MALEK: Té.

SAÏD: Des d'ara ja no ets el meu segon.

MALEK: Com! Si tu mateix me'n vas fer!
SAÏD: Doncs jo mateix te'n trec!
MALEK: Saïd!
SAÏD (*sense fer cas d'en* MALEK): Hassèn!
MALEK (*a part, marxant per l'escala*): La vida et costarà haver-me humiliat així.
SAÏD: I ai de tu si els toques un sol cabell, als cristians!
MALEK (*replicant-li des de mitja escala*): És que...
SAÏD (*anant a envestir-lo*): Per Al·là!

En MALEK *fuig ràpid.*

HASSÈN: S'ha fos.

ESCENA VI

En Hassèn comenta a en Saïd la petició de la Blanca.

SAÏD (*fingint indiferència*): Hassèn, què fan... els captius?
HASSÈN: Els mariners? Jeure i dormir.
SAÏD: Ells no!
HASSÈN: Vols dir el capità cristià? Pega a tothom que se li posa a l'abast.
SAÏD: Vés a l'infern!
HASSÈN (*assenyalant la cabina*): Els d'allí?
SAÏD (*girant-se d'esquena perquè en* HASSÈN *no noti l'interès que sent per ells*): Sí.
HASSÈN: T'odien. (*En* SAÏD *s'asseu abatut quan sent aquestes paraules.*) Sembla que la noia volia fer-te una petició...
SAÏD: A mi? T'equivoques. De mi, no en vol res, aquesta dona. No t'has adonat que així que em veu ja fuig cap a la cabina? Com

si jo fos una fera? Com si el meu rostre fes fàstic de mirar? I què vol la cristiana?

HASSÈN (*rient de la pretensió de la* BLANCA): El seu vell vol veure el capità cristià.

SAÏD: Doncs que vingui i m'ho demani. Si ho fa...

HASSÈN: Ella no et vol parlar.

SAÏD (*amb còlera*): Fa bé. I tant! Crida en Joanot!

HASSÈN: Hi corro!

ESCENA VII

En Saïd confessa els seus sentiments contradictoris envers la Blanca.

SAÏD: Que estrany que em sento! Hi ha moments que ho donaria tot perquè ja fóssim a terra i d'altres que voldria que mai no veiéssim la costa. Que la terra sempre fugís de nosaltres i mai no hi arribéssim. Què em passa? Per què la vaig perdonar si em volia matar? Ara lamento no haver-la mort i trepitjat. Lamento no haver trencat l'encís que em lliga a aquesta dona estranya, que no sé què hi ha en ella, que no és feta de la mateixa matèria que les altres. Que fa una olor que ofega i embriaga. Que fa plorar per dins i esborrona. (*Pausa.*) Que vagi d'una vegada a l'harem! (*Pausa.*) Aquella nit, quan la tenia als braços, vaig contenir la respiració per contemplar-la, vaig acostar la meva galta ardorosa a la seva galta freda... Si hagués tingut el valor d'estrènyer-la contra el meu pit, d'ofegar-la a petons, de fer-la meva com la fera salvatge que sóc... Si retornés a aquell moment, a aquell vespre... Si la tingués altra volta en els meus braços..., una altra vegada la portaria com una nina al seu pare, sense gosar ni mirar-la tan sols.

ESCENA VIII

En Saïd dóna el lloc de segon a la persona menys idònia i en Hassèn queda angoixat per aquesta decisió que posarà novament a prova la paciència de la tripulació.

JOANOT (*a en* HASSÈN): Digues, ara què vols?

HASSÈN (*a en* JOANOT): El capità et busca.

JOANOT: Saïd, tu m'has cridat?

SAÏD: Joanot, tu ocuparàs el lloc d'en Malek i seràs el meu segon.

JOANOT: Què?

SAÏD (*donant-li les claus*): Vull que tractis els presoners com si fossin animals. Té les claus i porta aquí el capità cristià i deixa'l parlar amb... aquells dos. Segueix-me a dalt, Hassèn. Jo mateix vull explicar els canvis.

HASSÈN (*a part*): Doncs no em plau això que ha fet en Saïd. És massa! Qui és en Joanot? Un renegat!

ESCENA IX

En Joanot, torturat pel sentiment de culpa per l'assassinat que va cometre fa molts anys, pensa que alliberar els cristians seria una manera de redimir-se,[14] almenys als ulls de la Inquisició.

JOANOT: Segon de bord! M'he sentit com si una espasa em travessés! Quina vergonya! Què diran els presoners quan ho sàpiguen? Diran que així em paguen per trair els meus germans. (*Pausa.*) Esposa meva! La teva culpa m'enfonsa a l'abisme! Jo

[14] Redimir-se: Alliberar-se d'un pecat i tornar al bon camí.

vaig prendre't la vida perquè vas lliurar-te a un altre home. Vaig fugir a Alger per no patir el càstig de la meva acció. Però no he pogut deixar enrere la meva consciència, que em persegueix allí on vaig. Ah! Si pogués redimir-me als ulls dels cristians.

En JOANOT *se'n va.*

ESCENA X

La Blanca planteja l'angoixa que la turmenta a en Carles, però ell és incapaç d'entendre-la. L'home se sent alleugerit quan en Ferran entra en escena amb la sorprenent afirmació que el capità ha consentit aquesta entrevista.

BLANCA: Pare, pare, hi ha una cosa que em preocupa fins a treure'm el son.
CARLES: Què?
BLANCA: Déu pot saber tot el que penso?
CARLES: Quina pregunta!
BLANCA: Déu ho sap tot?
CARLES: Per què?
BLANCA (*amb ansietat*): Expliqueu-me, pare: és un pecat que dins nostre arreli un pensament estrany que tant fa mal com dóna un gran plaer?
CARLES (*espantat*): Filla meva! Filla!
BLANCA (*alterada*): És pecat, pare? És pecat?
CARLES: Què dius, Blanca? No entenc res.
FERRAN (*a en* JOANOT, *que se'n torna sense baixar*): Bé, gràcies.
CARLES (*a la* BLANCA): Parla. Digues!
FERRAN (*que va sense grillons*): Oncle! Cosina!
BLANCA: És en Ferran!

CARLES: Fes-me una abraçada, nebot!

FERRAN (*abraçant-lo i donant la mà a la* BLANCA): Sí, ben forta. I tu, Blanca?

CARLES: Com és que t'han deixat venir?

FERRAN: No ho sé, però tenim poc temps.

BLANCA: Però com ha estat?

FERRAN: El capità ho ha acceptat.

CARLES: El capità? Blanca!

BLANCA (*avergonyida*): Jo no li he demanat res.

FERRAN: No hi fa res. Què pot témer de nosaltres?

BLANCA (*a part*): Ha consentit per mi!

CARLES: Digue'm, Ferran. Com estan els nostres mariners?

FERRAN: Com han d'estar? Consumint-se. Oncle, deixeu que camini, que això és ample. Allà veuríeu trenta homes apilonats. Tenen les forces debilitades, però no l'esperit. Si poguessin...

CARLES: Tot és inútil, Ferran. Abans que el sol es pongui serem a Alger. Jo pateixo per ella. A mi no m'importa que la mort m'arribi.

ESCENA XI

En Carles i en Ferran, desesperats, s'enfronten a la crua realitat. És impossible salvar la noia. En Saïd baixa l'escala sense ser vist amb l'esperança de saber què diuen. La Blanca fa jurar a en Ferran, en nom de l'amor que li ha confessat, que la matarà en el moment que desembarquin. En Saïd confon les paraules i es pensa que es declaren el seu amor. El pirata embogeix de gelosia.

BLANCA: Déu ens abandona!

FERRAN: Blanca, Blanca, valor. Segurament estàs a punt de viure l'hora més trista de la teva existència. Jo, t'ho juro, donaré gustós la meva vida per defensar-te.

CARLES: Aquestes gents són pedres!
BLANCA (*a en* FERRAN): Et volia demanar una cosa i fins i tot em sentiré afortunada si em promets que ho faràs.

En SAÏD *escolta inquiet.*

FERRAN: Mana.
BLANCA: Quan arribem a terra m'acostaré a tu. Aleshores agafaràs aquest punyal que porto amagat al pit i me l'enfonsaràs en les entranyes.
CARLES (*horroritzat*): No, filla!
FERRAN: Blanca!
BLANCA: Què voleu, doncs? Que visqui en el fang, perduda? Digueu, pare!
CARLES: Oh! Quin turment!
BLANCA: Digueu vós, pare, què he de fer. Voleu que vagi somrient a l'harem? Voleu que el meu cos serveixi per a la diversió d'un infidel? Voleu que aquests braços, que fins fa poc estrenyien el Crist amorós...
CARLES: Calla!
BLANCA: Digueu-me, pare. Que potser em vau tancar al claustre per regalar-me després per a les seves festes? És que la mare m'acotxava al bressol per a aquests monstres? Sóc la vostra pròpia sang!
CARLES: Blanca! Filla meva! M'estàs matant!

En CARLES *es cobreix la cara amb les mans i se'n va a un costat plorant.*

FERRAN: Blanca!
BLANCA: No puc callar. Ha de decidir, com sempre ha fet. És el meu pare.

Ferran (*portant-la a prop d'on és en* Saïd *sense saber-ho*): No ho farà.

Blanca: I tu? I el teu amor? I les teves promeses d'infant? Ho faràs tu?

Saïd (*a part*): Què ha dit?

Blanca (*amb desesperació*): Deixaràs que m'arrenquin del teu costat plorant sang viva, forcejant com una fera presonera de les seves grapes...? Pagaràs el teu rescat i deixaràs que jo, avorrida de mi mateixa, mori sense vergonya?

Ferran: No. Escolta...

Blanca: I què és la mort, covard?

Ferran: Oh, Blanca! Jo no puc fer això que em demanes. Jo no podria alçar el punyal contra tu.

Blanca: I deies que m'estimaves.

Ferran: Sí.

Saïd (*que solament ha sentit aquesta part, amb un sobtat atac de ràbia*): Prou! S'ha acabat! Torna al calabós dels presos! (*A part, com trastornat.*) Ella l'estima i ell també. Si tingués el polvorí al costat, ja

foren cendres, ells, jo, tots... Oh! Vull sang! (*Cau damunt de la seva llitera.*) Quina ràbia! Quin batre de martells aquí als polsos!

FERRAN (*apinyat amb la* BLANCA *i en* CARLES): Què té aquest ho-me?

SAÏD: Acosta't!

FERRAN: Saïd!

SAÏD: Digues, què li deies, a aquesta dona?

FERRAN: Què vols?

CARLES: Què és això?

SAÏD (*imperatiu i rient com un boig, salta endavant i agafa en* FERRAN *pel braç*): Parla!

FERRAN (*amb dignitat, separant-se'n*): Deixa'm!

BLANCA (*suplicant, corre cap a en* SAÏD): Pietat, senyor!

SAÏD (*a la* BLANCA): Tu el defenses? Com goses? Tu, que no sé d'on véns ni qui t'envia. Tu, que tot ho fas confús!

La BLANCA *fuig.*

FERRAN (*contenint en* CARLES): Per Déu!

SAÏD (*acostant-se a la* BLANCA): No t'apartis, captiva. Vull que siguis tu qui m'ho digui tot.

BLANCA *s'ha girat de cop mirant-lo estranyada.*

BLANCA (*a en* FERRAN): No, deixa'l.

SAÏD: Prou, ja! Tu, presoner, torna al calabós.

BLANCA (*a en* FERRAN): No li responguis malament.

FERRAN (*a en* SAÏD): Sí, marxo immediatament.

CARLES (*a en* FERRAN): Si jo moro, te l'encomano...

FERRAN: És d'ella la meva vida. Blanca...

BLANCA (*corre cap a en* FERRAN *i li diu en veu baixa*): Jura'm, jura'm que abans de veure'm perduda, que abans de veure'm...

FERRAN: Sisplau, Blanca.
BLANCA (*amb gran emoció*): Em mataràs, Ferran?
FERRAN: T'ho juro.
BLANCA (*besant-li la mà agraïda*): Gràcies.
SAÏD (*esclatant d'odi en veure el petó de la* BLANCA): Ah!
FERRAN (*a la* BLANCA *i en* CARLES): Adéu.
SAÏD: No, ara no!
FERRAN: Què?
SAÏD: He vist com et besava la mà!
FERRAN: I a tu què t'importa?
SAÏD: Què m'importa a mi, ésser miserable que només vius per caritat?
BLANCA (*contenint en* CARLES): Pare!
CARLES: No, deixa'm!
SAÏD: Què se me'n dóna? Se me'n dóna que desitjo la teva mort!
FERRAN: Et comportes com un boig!
SAÏD (*com boig*): On t'has pensat que ets? Per què no t'acomiades de nou? Per què no caus en els seus braços, cor contra cor i boca sobre boca, sospir contra sospir... Que tinc ganes de riure!
FERRAN: Oncle, aquest home és boig!
SAÏD: Sense saber-ho m'he convertit en l'amo d'un bordell!
FERRAN: Prou!
BLANCA: Què ha dit?
CARLES (*desprenent-se de la* BLANCA, *que el contenia*): No!
SAÏD: Pagueu l'habitació, doncs!
CARLES: El pensament se m'ofusca. No sé què puc arribar a fer!
FERRAN: Ets un vil! Un malvat!
CARLES: Per què no ens mates d'una vegada?
BLANCA: Pare!
FERRAN: Pensava que tenies un rastre d'honestedat en el fons de la teva ànima, però ara...

SAÏD: No, no en tinc cap!
FERRAN: Només perquè estimo aquesta infeliç quan som a la vora del sepulcre?
SAÏD: L'estimes?
FERRAN: Sí.
CARLES (*amb exhibició d'odi i menyspreu*): Què en saps tu, d'estimar? Ens parlaves de l'amor a la teva mare! Només una bagassa pariria un fill com tu!
SAÏD (*emetent un crit suprem que fa que tots fugin espantats i es reuneixin en un racó*): Ah! Companys! Gent de lluita! A mi!

ESCENA XII

Els pirates entren precipitadament i en Saïd, fora de si, els lliura en Ferran i en Carles perquè en facin el que vulguin. En Joanot intenta calmar els ànims infructuosament.

SAÏD: Tothom aquí! Deixeu les veles i el timó! Veniu tots! Mireu-los! Aquells que un dia van massacrar la nostra raça avui es riuen de nosaltres! Ens escupen a la cara la seva bava pestilent! Són miserables!
MALEK: Doncs revenja't en ells! Dóna'm a mi el capità cristià!
MAHOMET: Jo vull la vida del vell!
JOANOT (*volent contenir en* SAÏD): Atura't.
BLANCA: Pare!
SAÏD: Per a ells som gossos. Doncs ara descobriran que som gossos de presa!
JOANOT (*tractant de contenir els* PIRATES): Valen or!
MALEK: Morin!
BLANCA: Pietat!

Saïd: Agafeu-los!
Joanot (*amb molta energia, procurant contenir els* pirates): Jo sol ho faré!
Saïd: No veig cap reixa que els separi de vosaltres! Són vostres!

Els pirates *se'ls emporten escala amunt amb gran violència.*

Osman: Morin!
Joanot (*lluitant*): Sóc el segon!
Carles: Filla!
Blanca: No!
Ferran: Animals!

ESCENA XIII

En Saïd i la Blanca han quedat sols. En una escena plena de passió i dramatisme, la Blanca demana pietat pels dos homes i en Saïd li retreu el seu amor per en Ferran. Quan ella li jura que no estima el seu cosí, en Saïd es llança a coberta per salvar-los.

Blanca (*a en* Saïd): Pietat! Perdó per a ells!
Saïd: Van ser ells qui la van llançar al mar!
Blanca: Perdó.
Saïd: Van ser ells qui li van esclafar el rostre d'un cop de rem!
Blanca: No!
Saïd: El mar s'obrí i les ones se la van empassar!
Blanca: Pietat!
Saïd: Però la seva veu mai no va deixar de clamar venjança.
Blanca (*fora de si, picant-li el pit amb els punys*): Doncs mata'm a mi també, Saïd. Què esperes? Jo també porto sang cristiana a les

venes. Jo també vaig arrencar la teva mare de la seva llar. Jo vaig arrencar-te dels seus braços. Jo vaig llençar el seu cos a les ones i jo li vaig colpejar el cap amb un rem! Mata'm! Monstre! Vaig intentar prendre't la vida! Et vaig amenaçar amb el punyal! Tenia set de la teva sang. Jo, una dona! No em sents? Mata'm, mata'm.

SAÏD (*apartant-li els cabells que li cobreixen la cara amb molta tendresa*): Continua! Per què t'atures? Per què deixes de maleir-me? Digues el que vulguis, però no deixis de parlar.

BLANCA: Per què et comportes com una fera si en el fons no ho ets?

En SAÏD *l'estreny entre els seus braços amb una barreja d'odi i amor. La* BLANCA *cau abatuda en un tamboret.*

SAÏD: Per què m'has enganyat? Per què? Respon-me. Tu ets la traïdora. La primera vegada que et vaig mirar, ploraves. Tu, que pertanys a la raça dels botxins, ploraves per ella, la meva dolça mare! Després vas trucar al meu cor, però no amb els llavis amorosos, sinó amb la punta d'un punyal. I el meu cor va respondre't. I encara que el punyal caigués a terra, em vas matar. En mi ja no queda res d'aquell Saïd!

BLANCA: Els estan matant!

SAÏD: No, no em demanis pietat per a ells.

BLANCA (*plorant*): Pare! Ferran!

SAÏD: Sí, crida aquest home maleït. Però t'asseguro que no tornarà als teus braços, ni viu ni mort!

BLANCA: Què has dit?

SAÏD: Per què l'estimes?

BLANCA: Jo... estimar en Ferran!

SAÏD: Com ho va fer perquè li obrissis les portes del teu cor?

BLANCA: El meu cor mai no l'ha estimat amb amor.

SAÏD: Què?

BLANCA: T'ho juro, Saïd. Salva'ls!

SAÏD: Tu… Aquest home?
BLANCA: No, no el puc estimar.
SAÏD: És cert això?
BLANCA: Salva'ls.
SAÏD: Jura-m'ho mirant-me als ulls.
BLANCA: T'ho juro per Jesús. (*En* SAÏD *nega amb el cap.*) No em creus? Per Déu, un Déu que és teu i meu. (*En* SAÏD *torna a negar.*) Tampoc? Doncs per les nostres mares!
SAÏD: Sí! Sí!
BLANCA: Corre a salvar-los.
SAÏD: Però aquell petó…
BLANCA: Només era d'agraïment.
SAÏD: Blanca! Blanca!
BLANCA: El temps corre. Pot anar d'un instant!
SAÏD: Si això és mentida, que Al·là et mati.

Quan en SAÏD *corre cap a l'escala, baixa en* HASSÈN.

ESCENA XIV

En Hassèn diu a en Saïd que en Joanot ha aconseguit tancar els presoners al calabós i que no deixa que els pirates s'hi acostin.

HASSÈN: Saïd!
SAÏD: Què passa amb els presoners?
HASSÈN (*en to de queixa*): No els maten perquè en Joanot no ho vol.
BLANCA: Ah!
HASSÈN: Mentre el renegat sigui el teu segon, no caurà ni raig ni gota de sang cristiana.
SAÏD (*a la* BLANCA): Ho veus?
BLANCA: Però...
SAÏD: On els té?
HASSÈN: Ben tancats al calabós i ell és qui en custodia les claus.
BLANCA (*a part*): Gràcies, Déu meu. Per salvar-los i perquè el cor d'en Saïd hagi canviat.
Saïd (*a la* BLANCA): Marxa, sisplau!

La BLANCA *se'n va a la cabina.*

ESCENA XV

En Hassèn clama perquè en Saïd pugi a coberta per posar fi a la baralla que enfronta els pirates pels presoners, però en Saïd li confessa el seu amor per la Blanca.

HASSÈN: Saïd, estàs abocant-te a l'abisme. Si no li treus el càrrec de segon, al renegat, no sé què passarà. Els pirates murmuren de tu, Saïd, diuen que t'has tornat un caragirat. En Malek només els anima a amotinar-se[15] i cada vegada en té més al seu favor. Tenen por que t'hagis tornat boig o que els traeixis. No m'explico com en Joanot ha aconseguit treure'ls els cristians de les mans. Escolta els crits que fan en Joanot i en Malek! Has d'anar-hi immediatament.

La urgència ha passat i en Saïd *mira la porta per on ha desaparegut la* Blanca *amb adoració i es dirigeix a en* Hassèn *amb un somriure enamorat.*

Saïd: Digues, Hassèn, quant temps fa que no sents que un dia és especial? Quant temps fa que no sents com se t'eixampla el pit en respirar?
Hassèn (*sorprès de les paraules d'en* Saïd): Saïd! No has escoltat res del que t'he dit?
Saïd: Deixa que t'abraci, Hassèn. Moltes vegades tens motius de pes per sentir ira contra mi! I tot i això continues al meu costat!
Hassèn (*sentint el soroll de les baralles de dalt*): Escolta, Saïd, el clam dels teus homes!
Saïd (*portant-lo cap a la finestra*): Quant temps fa que no mires els ocells? Observa'ls com volen de dos en dos.
Hassèn: Ens diuen que som a prop de terra.
Saïd: No! No! La terra ha de ser lluny! No em recordis que s'acosta!
Hassèn: No pots girar l'esquena a la realitat.
Saïd (*apartant-lo violentament de l'habitació on és la* Blanca): Per què crides? Tu també vols trair-me? Tu? Si ella et sentís!
Hassèn: Capità!
Saïd: Desitjaria que les ones s'alcessin i s'interposessin eternament entre la terra i el vaixell! Que les ones vinguessin a mi com

[15] Amotinar-se: Rebel·lar-se la tripulació o el passatge contra el comandament d'un vaixell.

muntanyes, però la terra mai! Oh, Hassèn, no coneixes una altra cosa que l'odi? Digues, no has somniat alguna vegada, ni per un instant en la teva vida, una felicitat que mai no has sentit? No veus, quan tanques els ulls, que en algun lloc de la Terra, encara sense forma ni color, però real i bellíssima, respira la dona que és per a tu? Que és teva, tan teva com és teu el teu ésser. No l'has vista? No l'has imaginada mai posant la seva boca sobre la teva orella i dient-te: «T'estimo i tinc pietat de tu. Què hi fa que tot el món corromput estigui en contra teu? Un dia vindré per no deixar-te. Espera'm, espera'm...». Hassèn, no l'has sentida?

HASSÈN: Sí, però quan desperto ella no hi és i l'ampolla és buida. Tu també sembles un embriac!

SAÏD (*amb tristesa i compassió*): Oh! Miserable! Només ets un munt de carn per podrir!

HASSÈN: Aquesta dona, la dona que esperaves, és ella, la cristiana?

SAÏD: Ella!

HASSÈN (*anant al peu de l'escala*): Què t'ha passat, Saïd? És possible que no t'arribi la remor, Saïd? No sents la baralla? No veus que et perds?

Les veus de la disputa augmenten de volum. En SAÏD *vacil·la a pujar a coberta i quan se n'hi va ja baixen en* JOANOT *i en* MALEK.

ESCENA XVI

En Joanot i en Malek irrompen a la cabina del capità. En Malek ve decidit a encapçalar un motí i crida la resta de pirates, que semblen donar-li suport. Quan, finalment, es produeix l'enfrontament entre el capità i l'aspirant, se sent un crit que ho atura tot.

HASSÈN: Ja són aquí!
JOANOT (*a en* MALEK, *fora de si*): Jo no els dono.
MALEK: Ja ho veurem! Saïd!
SAÏD: Què? Què voleu?
MALEK: Només la vida d'aquells dos presoners. En Joanot no els entrega, i tu ens els has donat.
SAÏD (*amb calma*): Torna a dalt, Malek, i deixa-ho córrer. En Joanot ha fet el que havia de fer i ni se t'ocorri tocar-los un pèl.
MALEK (*fa un senyal perquè els* PIRATES *baixin*): Baixeu!

Els PIRATES *van baixant a poc a poc.*

SAÏD (*a en* MALEK): La teva vida respon per la dels presoners!
JOANOT: Jo els protegiré.
HASSÈN (*a en* SAÏD): Tots aquí... Saïd, vés amb compte.
SAÏD: Què us porta a la meva cabina? Com goseu posar-hi la petja, sense que jo us n'hagi donat ordre?

Els PIRATES *es miren i ningú no gosa parlar.*

OSMAN (*des del darrere, amb por*): Volem...

SAÏD: Qui parla? Que vingui aquí, al meu davant. (*Silenci.*) Què voleu? (*Silenci.*) Que parli algú!

MALEK (*des del fons*): Volem que treguis en Joanot i que en el seu lloc...

SAÏD: Sí, que t'hi posi a tu. A tu, que deus ser una dona, ja que t'amagues.

OSMAN: És un renegat.

SAÏD: Què voleu, doncs?

MALEK: Voldríem retrobar el nostre capità. Aquell que manava el vaixell, ferm en la lluita, sever amb els vençuts. Aquell que, més que el nostre amo, era el nostre company. Avui... no el trobem enlloc. Aquí tan sols hi ha el criat d'una presonera!

SAÏD: Mal escorpí! No sé com no t'esclafo el crani sota els meus peus!

MAHOMET: Perquè ell es queixa per tots. Dóna'ns els cristians i demostra que estàs amb nosaltres.

MALEK: Si serviu el capità, haureu d'agenollar-vos davant d'aquella dona!

SAÏD: T'he de matar!

Els PIRATES *s'interposen.*

JOANOT: Saïd, sigues prudent!

HASSÈN (*a en* MALEK): Covard!

MALEK (*des d'on està amagat, a en* SAÏD): Au, vine!

SAÏD: Per què em priveu el pas? Tu, serp, acosta't. I vosaltres, allunyeu-vos! Enrere! (*Els* PIRATES *retrocedeixen a poc a poc i deixen a la vista en* MALEK.) Ira d'Al·là! El camí és ample ara. Vine!

MALEK (*irònic*): És que potser em vols matar?
SAÏD: Covard! Jo tinc una arma, tu en tens una altra. Au, fem un cos a cos. Fins a l'últim batec del cor.

En SAÏD *avança; en* MALEK *recula. En* SAÏD *té l'arma a la mà; en* MALEK *només té la mà a l'empunyadura del punyal.*

MALEK: Tu ets el nostre capità!
SAÏD: No goses matar-me? Miserable?
OSMAN (*animant en* MALEK): Ataca!
MALEK: El capità vol la meva vida per plaure als presoners.
SAÏD (*envestint*): Moriràs!
PIRATA (*abocant-se des de dalt de l'escala*): Terra!
SAÏD (*aturant-se de cop*): Ah!
MAHOMET: Terra!

Els PIRATES *mostren alegria, excepte en* SAÏD *i en* JOANOT.

OSMAN: Alger a la fi!

ESCENA XVII

La Blanca entra horroritzada perquè ha sentit el crit i s'agafa a en Saïd implorant-li pietat. En Saïd s'adona que l'actitud de la noia el posa de nou al caire del precipici. En Malek aprofita l'ocasió per provocar un atac conjunt contra el capità. En Saïd està a punt de caure quan un fet terrible torna a aturar els pirates.

BLANCA: Terra no!
MALEK (*als seus*): Anem a dalt. Ja som a casa!

Els PIRATES *comencen a moure's per pujar a coberta.*

BLANCA (*acostant-se a en* SAÏD, *en veu baixa, cega de terror*): Pietat, pietat!

MALEK (*aturant els* PIRATES *per mostrar-los com en* SAÏD *parla amb la* BLANCA): Mireu-los. Jo no me'n fio. Ens vol trair. S'ha venut.

Abans de pujar, els PIRATES *miren desconfiats en* SAÏD. *En* JOANOT *i en* HASSÈN *se'n mantenen allunyats.*

BLANCA (*a en* SAÏD): Tinc por!

SAÏD (*a part*): Oh! Quina angoixa. Què puc fer? Vaig directe a entregar-la! Ella és presonera i un cop a port no hi tindré cap dret!

BLANCA: Socors!

MALEK: Mireu-los.

BLANCA: És que ens has salvat la vida per vendre'ns ara?

SAÏD (*tement que els altres la sentin*): Calla! Calla, dona!

BLANCA: Mata'ns! Quin espant!

SAÏD (*resolt*): Què vols? Què? Digues!

BLANCA: Vull fugir d'aquesta terra.

HASSÈN (*comprenent què farà en* SAÏD): Saïd, no!

SAÏD (*a part*): Em jugo la vida! (*Alt, als* PIRATES.) Pirates! Alerta! He sabut que la nau cristiana amb el tribut del rei per fi ha salpat de les illes. Jo us la donaré. Plena de monedes d'or. Serà la caça més gran i amb un botí abundós. Girem les veles, mà al timó i mar endins altra volta.

HASSÈN: Saïd, que et perds!

SAÏD (*amb rudesa*): Calla o et mato.

JOANOT (*a part*): Jo podria salvar-los!

En JOANOT, *durant tota aquesta escena, roman en un lloc molt visible i es fa evident que lluita contra la seva pròpia por per atrevir-se a portar a terme un pla.*

SAÏD: Pirates, a dalt us dic!

JOANOT (*a part, després d'haver recollit d'amagat les armes dels cristians*): I ara, a vèncer o a morir! (*Fuig escales amunt.*)

SAÏD: Les veles! El timó! Què espereu?

MALEK: Parles en va. No et creuen. Saben que els enganyes.

SAÏD: Amunt tots! Per Al·là!

MALEK: Vols que obeïm les teves ordres? Dóna'ns la dona i girarem el timó.

BLANCA (*amb terror*): No!

MAHOMET: Jo la guardaré ben guardada fins que toquem terra. Paraula!

OSMAN: Sí, segur!

MALEK: Vinga, la dona!

SAÏD: A qui faci un pas li esqueixo les entranyes!

BLANCA: No deixis que se m'emportin!

MALEK (*als* PIRATES): No volíeu proves que era un traïdor?
SAÏD (*a la* BLANCA, *amb angúnia*): Calla, calla!
HASSÈN (*a en* SAÏD): Jo no us deixo, capità.
MALEK: Arrenquem-li la cristiana de les mans!
SAÏD: Tots enrere!
MAHOMET: Que morin tots dos!

Comença el combat i quan en SAÏD *està a punt de caure davant l'envestida sona el corn i tothom s'atura amb sorpresa.*

OSMAN: És l'ordre de virar![16]

Alguns PIRATES *van cap a coberta i l'*OSMAN *els segueix.*

MALEK: Qui l'ha donada?
HASSÈN: Virem!
MAHOMET: La nau torna mar endins!
OSMAN (*assenyalant des de mitja escala*): Combaten! Traïció!
MALEK (*pujant l'escala seguit dels* PIRATES): A l'atac!
MAHOMET (*des de dalt, als* PIRATES *que pugen*): Traïció!
HASSÈN (*pujant l'últim*): Què passa a dalt? Qui lluita?
SAÏD: Mira, Blanca. Anem mar endins un altre cop. Què més vols? Què més vols de mi?
BLANCA: Gràcies
HASSÈN (*aterrit tornant a baixar*): La nau està perduda! En Joanot ens ha traït! Els cristians estan matant els nostres!

En HASSÈN *desapareix. En* SAÏD *el vol seguir, però la* BLANCA *li ho impedeix amb totes les seves forces.*

[16] Virar: Girar canviant de direcció, especialment una embarcació o qualsevol altre vehicle.

ESCENA XVIII

La Blanca s'agafa a en Saïd i impedeix que pugi a afegir-se al combat.

SAÏD: Per Al·là! Els meus lluiten amb els cristians! Deixa'm! Aparta't!
BLANCA (*empresonant-lo desesperada entre els seus braços*): No marxis!
SAÏD: Que són la meva gent!
BLANCA: No!
SAÏD: Em lligues amb les teves mans!
BLANCA: No! Pietat!
Saïd (*furiós*): Pas! Pas!
Blanca: No!
SAÏD (*lluitant amb ella va cap a l'escala*): Deixa'm!
BLANCA (*caient de genolls, però encara agafada a les cames d'ell*): No!
SAÏD (*als de dalt*): Coratge! Ah!

En SAÏD *cau de genolls arrossegat per la* BLANCA.

BLANCA: Perdona'm!
SAÏD (*d'una revolada es desprèn de la* BLANCA *i s'aixeca enfurismat*): Maleïda siguis!

ESCENA XIX

En Saïd corre cap a les escales, però ja baixen en Ferran i en Carles disposats a matar-lo. Van seguits dels soldats del rei i dels mariners catalans. De cop, la Blanca s'interposa entre ell i els seus atacants i el protegeix amb el cos.

CARLES: Ha guanyat Déu!
FERRAN: La nau és nostra! A ell!

SAÏD (*atacant els qui baixen*): Que em matin matant!
BLANCA (*interposant-se davant d'en* SAÏD *amb els braços estesos*): Vida per vida!
FERRAN (*intentant apartar-la*): Blanca!
CARLES (*anant a ferir en* SAÏD, *seguit dels* SOLDATS): A mort!

Tots han baixat precipitadament.

BLANCA (*a en* CARLES, *amenaçant-se amb el punyal i estrenyent en* SAÏD *amb el braç lliure per defensar-lo*): Toqueu-lo!

En FERRAN *fa un crit de sorpresa i en* CARLES, *de desesperació. Els* SOLDATS *abaixen les armes.*

Teló ràpid.

La mateixa decoració.

ESCENA I

En Roc, soldat d'en Ferran, i en Guillem, soldat de don Carles, comenten com ha anat l'alliberament dels cristians mentre vigilen la noia. La Blanca, que s'esforça per mantenir-se desperta, s'ha atrinxerat davant la porta de la cabina on hi ha tancat en Saïd i no permet que ningú s'hi acosti.

Roc: D'aquesta, en sortiràs capità!

Guillem: Bé que m'ho mereixo. Però no sempre és premiat qui és digne de ser-ho.

Roc: El capità Ferran et té en molta estima!

Guillem: Però no és ell qui mana!

Roc: No?

Guillem: En Ferran governa els mariners catalans com tu; però els homes del rei, la milícia, de la qual jo formo part, obeeix don Carles, el pare de la boja.

ROC: Però ara som a mar.

GUILLEM: Sí, però tant a la terra com al mar el rei ordena. I on hi ha militars..., què puc esperar jo d'ell?

ROC: D'ell?

GUILLEM: De don Carles! Ell sap què he fet, però ho tindrà en compte? És massa envejós! Tu saps què he fet?

ROC: I tant! Ho he sentit tot quan ho has explicat a en Josep!

GUILLEM (*sempre amb molta vanitat*): Sí, però a tu encara no t'ho he explicat expressament.

ROC: No.

GUILLEM: Doncs escolta i prepara't per admirar-te. Només farà tres hores que tots estàvem tancats i encadenats.

ROC: Ho sé!

GUILLEM: Fins i tot en Ferran!

ROC: Al meu costat.

GUILLEM: I don Carles, a qui havien portat feia poc. Tot d'una han començat a llançar armes des de la reixa. «Què deu ser això?», ens preguntàvem.

ROC: No gosàvem tocar-ne cap.

GUILLEM: Jo parlo, tu escoltes. S'ha obert la porta i ha irromput en Joanot. «Alceu-vos», ens ha dit. «Jo sóc un renegat però no puc veure la meva gent així. Us deslliuro! Aneu al combat una altra vegada!». Hem sortit sense fer soroll del calabós. De la cambra del capità arribaven els crits d'una gran discussió. Jo anava el primer.

ROC: No m'ho crec!

GUILLEM: Jo anava al capdavant, ximple! Veus com no ho havies escoltat bé? Jo anava per feina: cop al timó i mar endins, en direcció a la nostra terra. Però, de sobte, com fúries han sortit els pirates. Veure'ls, envestir-los i destrossar-los ha estat una sola acció. Com rates els hem perseguit aquí i allà. Jo he mort el primer.

ROC: Ha estat en Ferran.
GUILLEM (*negant-ho*): Calla!
ROC: Jo n'he ferit un.
GUILLEM: Jo set, i el teu vuit.
ROC: Jo no he fet res, doncs?
GUILLEM: Jo vuit.
ROC: No m'ho puc creure!
GUILLEM (*alçant-se*): Jo vuit!
BLANCA (*sobresaltada s'aixeca i torna a seure*): Ah! M'adormia. Se'm tancaven els ulls! He de mantenir-me desperta. Em punxaré, si cal, per desvetllar-me.
ROC: Què diu?
GUILLEM: La boja vetlla la cabina. Dins hi ha el capità pirata. No el poden penjar del pal més alt del vaixell perquè el protegeix la filla de don Carles.
ROC: Que el defensi és ben estrany!
GUILLEM: La noia està com un llum!
ROC: Sí, ha d'estar ben boja!
GUILLEM: O endimoniada. Vés a saber. Era gairebé monja.
ROC: Ah, sí?
GUILLEM: La portaven a professar[17] a Barcelona. I mira ara com defensa aquella porta. En baixar tots aquí, jo el primer, a la caça del pirata ens hem llançat. I figura't la sorpresa quan ella s'hi ha interposat. Ens hem quedat tots parats. El seu pare li suplicava: «Aparta't, filla meva, cal que aquest home mori a l'instant». Sí? Doncs, ella muda i altiva, defensant-lo.
ROC: Aquí hi balla el dimoni.
GUILLEM: I mira-la que tossuda. Ni dorm ni es mou. Talment com si fos de pedra.

[17] Professar: Prometre a Déu, a la Mare de Déu o a algun sant d'acomplir un determinat compromís.

ROC: I per què no la treuen? Jo, si fos el seu pare, l'agafaria per un braç i l'arrossegaria fins a la filosa![18] Les dones han de ser tractades amb mà dura.

GUILLEM: Sí. Però quan ens hi acostem es treu un punyal i se'l posa al pit.

ROC: Ah, sí?

GUILLEM: Ens han manat que ningú li digui un mot. Sortim d'aquí. Tinc la sensació que tot això acabarà molt malament.

ROC (*senyant-se*): Marxem! Jesús!

GUILLEM (*tot sortint*): Ja veus com està tot. Encara et sembla que em faran capità?

ROC: Guillem, des d'aquesta perspectiva, més aviat em sembla que deixarem els ossos dins del mar.

Els SOLDATS *desapareixen.*

ESCENA II

La Blanca lluita entre el somni i la vetlla i entre l'amor que sent per en Saïd (malgrat que encara no sap que està enamorada) i la raó.

BLANCA (*somniant adormida*): Pare! No, no, no! Tots enrere! Fora! No el toqueu! (*Despertant i mirant pertot.*) Quina angoixa! Pensava que tornaven un altre cop. Que sola que estic. Ells volen la seva vida, però jo el defensaré fins a l'últim alè! No vull que mori. Aquest home desperta en mi sensacions que havia perdut. Les mateixes que em vénen quan recordo les nines o els petons de la mare... i que em fan desitjar d'abraçar-

[18] Filosa: Instrument per filar a mà.

lo i de donar-li vida unint els meus llavis als seus. Perquè ell s'ha perdut per mi! (*Horroritzada d'ella mateixa.*) Però, què dic? Quines paraules surten dels meus llavis? Sóc boja. Però mai fins ara m'havia consumit aquest afany que em crema. (*Silenci expectant.*) Qui baixa?

ESCENA III

El renegat Joanot baixa on hi ha la Blanca i intenta convèncer-la que el deixi parlar amb en Saïd. La Blanca no baixa la guàrdia davant del traïdor, però les paraules del pirata l'enfronten amb la seva consciència.

JOANOT: Senyora!
BLANCA: Ja vénen?
JOANOT: Porto la salvació a en Saïd.
BLANCA: Ets un traïdor. Marxa, no et vull veure.
JOANOT: Jo us ho demano...
BLANCA: No t'acostis! Fas pudor de traïdor!
JOANOT: Però, escolteu-me...
BLANCA: Fa temps vas vendre Déu per salvar-te, i ara has venut el teu capità per redimir-te.
JOANOT: Calleu.
BLANCA: Judes!
JOANOT (*amb vehemència*): Jo el salvaré. Necessito veure'l.
BLANCA: No i no! Sé que t'envia mon pare! Marxa!
JOANOT: Què volíeu senyora? Que no hagués fet res? A aquestes hores el vostre cos ja seria dins del mar, una despulla dels jocs dels pirates. El vostre pare, el vostre cosí Ferran..., tots morts. I si el capità hagués vençut els pirates, ja seríeu tots a Alger, i vós, en braços d'un príncep embrutit.

BLANCA: No m'ho recordis. Calla!

JOANOT: I jo, boig de mi, que pensava que si us alliberava em guanyaria el perdó dels vostres llavis davant de Déu. Jo em deia a mi mateix: «Quan ella torni al claustre que jo li obro, pregarà al bon Jesús perquè perdoni aquest trist renegat!».

BLANCA (*a part*): Oh! Per què les seves paraules em fan avergonyir?

JOANOT: Jo us salvava a vós i em salvava alhora.

BLANCA: No continuïs, que les teves paraules es claven en la meva ànima!

JOANOT: Doncs escolteu-me! Quan es faci fosc vindré. Deixaré una carta al vostre pare que explicarà que he mort en Saïd. Que així m'he venjat d'ell i que jo mateix m'he llançat al mar, cansat de viure. Però no ho faré: canviaré els meus vestits amb els d'en Saïd i em destrossaré el rostre d'un tret. Així ell estarà salvat i ningú no el buscarà. Ells tindran un cos i el meu cadàver jaient al fons del mar. Mentrestant, ell pot viure amagat a la cabina i fugir quan el vaixell toqui terra.

BLANCA: Si et sentissin! Em confons amb les teves paraules.

JOANOT: És que estimo aquest home, senyora, com un pare. Sé que sota aquesta crosta de feresa hi ha una ànima bona.

BLANCA: De veritat?

JOANOT: Silenci, que vénen.

ESCENA IV

Arriba en Ferran i acomiada en Joanot.

FERRAN: Blanca!

BLANCA (*corrent cap a la porta*): No intentis res!

FERRAN (*amb serenitat*): Què fas aquí, Joanot?

JOANOT: Tractava de convèncer-la.

FERRAN: Vés! Ja has fet molt i t'ho agraïm profundament. Però això solament pot fer-ho el seu pare.

JOANOT: Com desitgeu (*A part.*) Però tornaré.

ESCENA V

En Ferran intenta raonar amb la Blanca, però quan s'adona que està enamorada d'en Saïd entén que no hi ha res a fer.

FERRAN: Blanca, Blanca. (*La noia no fa cap moviment fins que no sent anomenar en* CARLES.) No em sents? El teu pare està a punt de venir.

BLANCA: No, no! Prega-li, Ferran, prega-li que no s'acosti! Digue-li que estic disposada a morir si intenta creuar aquesta porta.

FERRAN: Però escolta'm…

BLANCA: No!
FERRAN: Penso només en la teva felicitat.
BLANCA: És inútil!
FERRAN: Estàs segura que fas allò que cal fer? Que no ha estat un rampell de bogeria?
BLANCA: No, Ferran. Sóc la de sempre. Estimo Déu com em correspon i per això penso que he d'arrencar aquest home de les urpes del diable!
FERRAN: I els altres que han mort? Com s'explica que mostris tanta humanitat només per un?
BLANCA: Li dec la meva honra, la meva vida.
FERRAN: Però no seràs tu qui el mati. L'has defensat tant com has pogut!
BLANCA: Et prego que diguis al pare que no vingui! Sí, Ferran, per pietat! Que no s'acosti! Que em deixi morir aquí. T'ho suplico.
FERRAN (*mirant-la amb tristesa*): Qui t'hauria dit això un mes enrere! Llavors eres gairebé una monja, només et faltava un pas per ser-ho definitivament; i ara oferiràs la teva vida a Mahoma

en comptes d'oferir-la a Jesús! I aquesta ets tu! Si et veiessin les teves companyes!

BLANCA (*cobrint-se el rostre i plorant*): Ferran, Ferran. És cert! Però per què et complaus a matar-me no un sinó cent cops? És que no tens entranyes? Si en tinguessis em compadiries.

FERRAN: Blanca, et juro que em compadeixo de tu! Però ets a un pas de l'abisme i temo que potser tu mateixa n'ignores la fondària.

BLANCA (*amb desesperació*): M'hi ofego, Ferran, però alhora no desitjo sortir-ne!

FERRAN (*a part*): L'estima! Oh, desgraciada! Qui pot lluitar contra això?

ESCENA VI

Arriba en Carles en un estat d'abatiment total. El mariner Roc l'ajuda a baixar uns quants esglaons i després es recolza sobre en Ferran. Quan s'adona que la Blanca no ha canviat la seva actitud, implacable, renega d'ella. De res no serveixen els esforços d'en Ferran per suavitzar les coses.

ROC: Per aquí, senyor.

CARLES (*molt abatut*): Marxa, que ja puc jo sol.

En CARLES *baixa sol, lentament.*

FERRAN: Arriba el teu pare. Mira'l.

BLANCA (*suplicant*): Deixeu-me!

FERRAN: No pot ser. I tu ho saps.

BLANCA: Oh!

CARLES (*agafant-se d'un braç d'en* FERRAN): Ferran!

FERRAN (*amb afecte i en veu baixa*): Calma!

CARLES: Ferran..., on és la meva filla?

FERRAN: Assereneu-vos primer, oncle.

BLANCA (*entendrida, avançant amb vacil·lació cap a en* CARLES): Pare!

CARLES (*abraçant-la*): La meva nena.

FERRAN (*a part*): Que plorin. Això pot ser bo.

CARLES: Així, així. Vull sentir-te damunt del meu cor. Les males veus juraven que havies rebutjat el teu pare, que havies venut la teva ànima al diable.

BLANCA (*amb horror*): No!

CARLES: Deien que defensaves la vida d'un miserable. (*La* BLANCA *amaga el cap en el pit d'en* CARLES.) Però les males veus no saben que tu ets del cel i que vols que morin els seus enemics sense perdó!

La BLANCA *s'aparta, resolta, d'en* CARLES.

FERRAN (*a part*): Val més que no els deixi sols!

CARLES (*sever*): Blanca!

BLANCA (*ja sense plorar*): Vull que se salvi!

CARLES (*a en* FERRAN): És ella qui ha parlat? És la meva filla?

FERRAN (*intentant calmar-los*): Escolteu tots dos... Blanca... Oncle...

CARLES: Ferran, tu ho has sentit?

BLANCA (*caient als peus d'en* CARLES): Perdó, pare, perdó per en Saïd!

CARLES: Aparta't, dona! Em fa vergonya mirar-te. No ets filla meva.

BLANCA (*suplicant*): Pare!

FERRAN (*volent aturar les properes paraules d'en* CARLES): Oncle, no!

CARLES: Valdria més que no haguessis nascut. Que la foguera t'hagués rebut en sortir de la teva mare! Ferran, aparta aquesta dona a un costat i obre la cabina.

BLANCA (*corrent cap a la porta*): No, no passareu!
CARLES (*imperatiu*): Fes-ho!
FERRAN (*a en* CARLES): Assereneu-vos, oncle. Primer escolteu-me, sisplau!
CARLES (*decidit*): Ferran!
BLANCA (*a en* FERRAN): Ferran, per pietat! Ell m'ha salvat la vida!
FERRAN: Sí, però…
BLANCA (*assenyalant el seu cor*): El meu cor em demana que no obeeixi el meu pare. Ferran, jo no vull morir, però si el maten, jo em mataré.
FERRAN (*horroritzat*): No! Calla!
CARLES (*després de moure's amb desesperació per l'escenari, s'acosta a l'escala*): Aquí, els meus homes!
FERRAN (*a part*): Era evident que no havia nascut per ser monja! Jo ja ho deia! L'han ofegada tant que ara esclata!

ESCENA VII

En Carles crida els soldats i els exigeix que avancin cap a en Saïd. En Ferran, que tem que la Blanca compleixi la seva amenaça de matar-se, els atura.

GUILLEM: Ens demanen?
CARLES: Sí!
FERRAN (*als* SOLDATS *sense que ho senti en* CARLES): Espereu!

Els SOLDATS *es queden als últims graons de l'escala.*

CARLES: Que tot acabi d'una vegada!
FERRAN (*a en* CARLES): Oncle! Si maneu avançar els soldats, veureu la vostra filla caure morta.

CARLES: També tu estàs en contra meu, nebot? És que tots teniu l'ànima podrida? Jo vaig treure la noia del fang del món sense que aquest tingués temps de tacar les seves ales. Per què he de ser castigat? Per què em castigues, Déu meu?

FERRAN: Oncle. Mireu-la. Us pensàveu que era vostra perquè la vau tancar en una presó daurada. Quina bogeria! Li vau prendre l'aigua, però no la set. Ara els seus llavis senten la font i s'obren. Així és la vida!

CARLES: Què dius? No t'entenc!

FERRAN: Que la vostra filla no va néixer per ser tancada en un claustre.

CARLES: Sí!

FERRAN: No! I ha arribat el dia que la poncella s'ha transformat en flor i que ha donat la seva aroma a la primera llum que ha tocat les seves fulles. Si tot en ella ho diu! No us n'heu adonat

encara? Jo ho veig clar com la llum del dia. La vostra filla s'ha enamorat del capità pirata.

CARLES: Déu! Oh! Déu! (*Corre cap a la* BLANCA, *l'agafa pel braç i l'arrossega al mig de l'estança.*) Agenolla't (*La fa caure de genolls.*) Agenolla't! Jura'm que no estimes aquell home! Jura-m'ho!

BLANCA: No ho sé, pare, no sé res.

FERRAN (*a part*): Desgraciada!

BLANCA: Perdó!

CARLES (*sacsejant-la pel braç*): Jura-m'ho!

BLANCA: Perdó! Què sé jo, pobra de mi, què passa en el meu cor? Tanco els ulls i veig que la cel·la de la clausura s'allunya. Jo intento desitjar de tornar-hi, però no ho desitjo. En comptes d'això, veig aquest home i no tinc por. (*S'aixeca exaltada. En* CARLES *fuig a un costat intentant no sentir-la.*) «És pecat», em diu la veu que parla dintre meu. «És pecat». Però, pare, ni tan sols de l'infern tinc por. Perquè, quan arribi el moment, portaré el sarraí en els meus braços i em llançaré als peus de Déu Nostre Senyor per demanar-li perdó. I si li nega el perdó, em quedaré amb ell, asseguda a la porta del cel, fins que el perdoni. Però jo sé que Déu el perdonarà de seguida perquè de tots és pare!

FERRAN (*espantat de les paraules de la* BLANCA): Blanca, prou!

CARLES: Què he sentit? Ah! Sacrilegi! Aquest monstre l'ha embruixada. Que l'encanteri es trenqui. Oh, Déu! Fes justícia! Castiga'ls!

FERRAN: Què feu? No, oncle!

CARLES: Soldats! Aquí! Jo, en nom de Déu, us mano que obriu la porta.

Els SOLDATS *vacil·len davant la indicació d'en* FERRAN *que s'aturin.*

CARLES (*a la* BLANCA): Et maleeixo si et mous un sol pas! Endavant, soldats!

BLANCA (*corre estenent els braços davant la porta*): No, mai!
CARLES: Endavant!

Els SOLDATS *avancen. De cop, la* BLANCA *fa un xiscle i s'obre la porta de la cabina.*

ESCENA VIII

En Saïd lliura les seves armes i no comprèn per què els seus enemics no el capturen. Quan descobreix que la Blanca té un punyal, intenta convèncer-la per tots els mitjans que desisteixi. La seva noblesa admira tothom menys en Carles, que està fora de si.

SAÏD: No, atureu-vos!
CARLES (*mirant al cel*): Gràcies!
FERRAN (*a en* GUILLEM): Creu-me a mi i et faré capità!
GUILLEM (*a en* FERRAN): Sí!
FERRAN (*indicant-li l'escala*): No et moguis de l'escala fins que jo t'ho mani.

Els SOLDATS *es retiren on ha indicat en* FERRAN.

SAÏD (*que ha anat traient-se les armes i llançant-les*): Aquesta era l'última! Ja han caigut totes! Preneu-me!
CARLES (*als* SOLDATS): Lligueu-lo!

Els SOLDATS *miren en* FERRAN *i no es mouen.*

FERRAN: Oncle, prudència, que ja és nostre. Penseu en el punyal que té la vostra filla.

Carles: Ferran, pren-l'hi.

Saïd: I doncs, què espereu? Estic desarmat i sol.

Carles: Ferran!

Blanca (*mostrant-li el punyal*): Pren-lo, doncs.

Saïd: És que no em coneixeu? Jo era el capità d'aquest vaixell. Jo vaig enfonsar la vostra nau. A les meves robes encara hi ha sang dels mariners cristians que vaig matar. Per què no veniu, doncs, si jo m'entrego? Lligueu-me! Us dono els meus punys per fer-ho més fàcil. És una vergonya que encara no m'hagueu matat. A hores d'ara el meu cap ja hauria de ser clavat al pal major. Amb els meus ulls mirant com els taurons es llançaven damunt la meva carn morta. Amb els meus ulls mirant cap a Barcelona, on fareu una entrada triomfal amb les veles desplegades a l'oreig. Amb els meus ulls mirant cap on vulgueu fins que els corbs els arrenquin. Veniu! Preneu-me!

Carles (*fa el gest d'envestir en* Saïd, *però es conté i mira amb ràbia la* Blanca): Que n'ets, de miserable, hipòcrita i malvat! Dius

que t'entregues i et rius de nosaltres. Covard! Deixa de jugar d'una vegada!

Saïd (*canviant la seva serenitat per ràbia*): Ira d'Al·là! Penseu que encara tinc les ungles! Penseu que abans de morir puc matar com una fera! Preneu-me ja la vida! Sols vull que em mateu!

Carles: Déu et confongui.

Saïd (*amb desesperació*): No em creuen!

Carles: Dóna'm el punyal de la meva filla, botxí. I de seguida faré els honors!

Saïd (*comprenent per què no l'agafen*): Ara ho veig clar! Blanca!

Blanca: No!

Saïd: Sóc un pobre home que suplica. Dóna'm el teu punyal com a almoina.

Blanca: No, mai!

Saïd: És massa tard. Deixa'm morir per tu.

Blanca (*a tots els presents*): Sou vils! Sou monstres! No el sentiu parlar? És que el vostre cor és una roca?

CARLES (*a en* FERRAN): I ho ha dit ella! Caldrà que a Déu també la sacrifiqui?

SAÏD (*intenta convèncer la* BLANCA *de la seva maldat*): Deixa, Blanca, que m'enfronti al meu destí. Per què vols defensar un pirata que ha enfonsat la teva nau? Un pirata que et va robar, que et volia portar a Alger, a l'harem del soldà? Pensa, Blanca, si vols donar la teva vida per un home com aquest. Un criminal. No mereixo pietat. Ni tan sols una mirada de compassió. Sóc un escurçó. Jo et vendria al basar si fossis meva.

FERRAN (*a en* CARLES, *sense contenir l'admiració*): No podeu negar que el seu cor és noble!

CARLES (*retraient-li el que ha dit*): Tu també?

BLANCA: Pare, pare, tingueu compassió! No veieu que està plorant?

SAÏD (*eixugant-se els ulls d'una revolada*): Traïdores!

BLANCA: No us trenca el cor? La lluita ja ha quedat enrere. No és el moment d'acarnissar-se amb els caiguts.

FERRAN (*contenint en* CARLES): Oncle!

CARLES (*com boig*): Justícia sobre tots dos. Soldats!

FERRAN: Això és una bogeria! (*Als* SOLDATS.) Quiets!

CARLES: Què?

FERRAN: Jo defenso aquest home. Un home així no ha de morir com un gos.

CARLES: Jo ho vull! Soldats. Mateu-lo. No ho feu? Doncs seré jo mateix.

En moure's endavant per ferir en SAÏD *es desmaia i cau en braços d'en* FERRAN. *En* GUILLEM *corre a sostenir-lo.*

FERRAN: Oncle!

BLANCA: Pare!

FERRAN (*a la* BLANCA): No ha estat res. L'emoció! Que li toqui l'aire. Emporteu-vos-el a dalt. (*El traslladen a coberta.*) Blanca, queda't. És millor que no et vegi.

ESCENA IX

La Blanca i en Saïd estan sols. Es confessen el seu amor apassionat i s'adonen que la mort és molt a prop.

SAÏD: Blanca, qui ets? Et miro i veig que no has nascut a la terra com la resta de nosaltres. Tu véns d'un altre món, del lloc on sorgien els somnis dolços de la meva infantesa. Quan et miro, quan et sento... Fins i tot l'aire que mous en passar fa que tota la vida del meu ésser, que el meu cos, que la meva ànima es despertin i sentin, vibrants, que moro i visc alhora! I busco i aspiro l'aire que ja has respirat, i m'ofego. I una onada potent, com la que arrenca les roques del fons del mar i les llança contra el sol, la lluna i les estrelles, una onada de sang, sospirs i besos, i bramuls salvatges i clams de joia, i llàgrimes i queixes, i harmonies... m'esqueixa per dins i irromp en els meus llavis per dir-te: «Blanca, t'estimo».
BLANCA (*cobrint-se el rostre avergonyida*): No!
SAÏD: T'he ofès? Què has dit, llengua traïdora?
BLANCA: No, no... vull sentir-te! Vull escoltar-te!

La BLANCA *es cobreix encara la cara amb les mans.*

SAÏD: Em perdones?
BLANCA (*creient haver sentit soroll*): Són ells!
SAÏD: No, Blanca, encara no ve la mort!
BLANCA: La mort? S'acosta la mort? Abans que arribi et vull veure. Deixa que et miri l'ànima a través dels teus ulls! Qui ets? Quin dia m'has vist i t'he vist jo? No, no apartis la mirada. Ara et vull mirar per recuperar el temps que no t'he vist. Sense adonar-me'n, jo t'enyorava i estaves en els meus somnis de claustre i soledat. Aleshores jo no sabia com eres, i eres com ara! No vull que moris. No vull que la mort t'arribi perquè la meva vida ja s'ha arrelat a la

teva. Què hi fa que en comptes de flors estiguem voltats de serps si són elles les que ens uneixen? Véns d'un altre món, del món odiat. Quant i quant has patit sobre la terra? Quanta amargura ha begut la teva ànima, sempre reclosa al fons del pit sentint les ànsies de volar, com la meva, i donant-se cops d'ales contra les reixes, glatint i fent-se trossos. Quant patiment! Quanta infelicitat!

SAÏD: I quant has trigat! He hagut de recórrer sol la vida i, ara, al final et trobo al meu camí, quan ja gairebé toco el sepulcre!

BLANCA (*amb energia i desesperació*): No, Saïd, no! No ve l'hora de morir! No ara que sento la vida brotar per tot el meu ésser! Vull viure! Déu meu, salva'ns!

SAÏD: Ira d'Al·là! Que tornin! Aquí els espero! Esquinçaré les seves carns, jo mateix estamparé els murs amb les seves entranyes! Que vinguin ja! Tots! Vull morir matant!

BLANCA (*esglaiada de la ràbia d'en* SAÏD): Saïd! No!

SAÏD (*canviant la seva desesperació per tendresa*): No, no, Blanca, no t'espantis. Sóc el teu esclau. Vols que besi el terra que trepitja el teu pare!

BLANCA: Jo l'estimo, Saïd!

SAÏD: Ho veus, estimada? Tot és en va. Tu ets el cel; jo sóc el mar. Mai no s'ajunten aquí. Mira. Només s'ajunten a l'horitzó. Tot és en va.

BLANCA: Ja vénen.

ESCENA X

Entra en Ferran i fa una proposta sorprenent a la parella perquè en Saïd se salvi.

FERRAN (*baixant ràpidament*): Sóc jo!

BLANCA (*volent fer-lo retrocedir*): No!

FERRAN: Blanca! Escolta'm! Jo us vull salvar!

SAÏD: Salva-la a ella. A mi tant me fa morir. Per què la vida?

BLANCA: Ferran…

FERRAN: No diguis res, Blanca, escolta'm primer. (*Emportant-se-la a un costat perquè no ho senti en* SAÏD.) Tu estimes aquest home. Doncs, bé, jo em sacrifico gustós per tu. Per damunt del meu amor d'infantesa hi ha la teva felicitat. I res més. Que vull salvar-lo, cosina!

BLANCA: Oh! Ferran! Gràcies!

FERRAN: Però el teu pare continua volent la seva vida!

BLANCA: No!

FERRAN: No et preocupis. Tot està a punt. Saïd, encara tinc gent que m'obeeix. Hem baixat una barca des de la popa. És de nit i els núvols cobreixen el cel. Jo vigilaré que l'oncle no torni, i tu baixes per la finestra, saltes a l'aigua i en un moment puges a la barca. Arribaràs a Alger abans que es faci de dia. Aneu de pressa. (*A la* BLANCA.) Ell t'estima i et trobarà.

BLANCA: Però…

FERRAN: Arribaran de seguida! De pressa, Saïd. I prega perquè no surti la lluna. Sort!

SAÏD (*commogut*): No em neguis una abraçada!

FERRAN (*abraçant-lo*): Saïd! Amb tota l'ànima!

SAÏD: Gràcies!

ESCENA XI

En Saïd i la Blanca s'acomiaden i juren retrobar-se. Abans de baixar per la finestra, en Saïd la besa per primera vegada.

BLANCA: Saïd, fuig!

SAÏD: Fugir!

Blanca: Aquesta finestra dóna a la vida. Estàs salvat!

Saïd: Blanca, deixa'm morir aquí. Deixa que et besi i ja ho tindré tot.

Blanca: No, Saïd, no. Vull que visquis i vull esperar-te, em sents? Viuré cada hora esperant-te. (*Creu haver sentit un soroll.*) Fuig!

Saïd: Et buscaré, Blanca. Et buscaré on siguis i et trobaré.

Blanca (*plorant*): Marxa, sisplau! M'estàs matant!

Saïd: La teva mà…

Blanca: Saïd!

Saïd (*besant-la*): La que volia matar-me i que al final m'ha salvat!

Blanca: És teva!

Saïd: Llança al mar el punyal, amor meu. M'espanta saber que el tens.

Blanca (*el llança per la finestra*): Ja està. Fuig!

Saïd: Deixar-te ara és com si m'arrenquessin la vida!

Blanca: Tornaràs?

Saïd: T'ho juro! Si morís, vindria el meu cadàver.

Blanca: Crida'm des de la terra, des del mar, des del paradís o des de l'abisme! Jo et respondré i et seguiré perquè sóc teva.

Se sent un lleuger soroll dalt de l'escala i se separen de pressa.

Saïd (*des de la finestra, en veu baixa*): Fins aviat!

Blanca (*també molt baix*): Adéu!

Saïd: Blanca!

En Saïd *puja ràpidament cap a la* Blanca *i la besa lleument.*

ESCENA XII

Entra en Carles seguit d'en Ferran i dels soldats i, en aquell fatídic moment, la lluna il·lumina els amants. El vell dispara.

CARLES: On és el monstre?
BLANCA (*a en* SAÏD): Ja tornen! Marxa!
CARLES: Mor!

Surt la lluna, que il·lumina de ple en SAÏD.

BLANCA: Pare!
CARLES: El pirata fuig! Jo et mato!

En CARLES *baixa un altre graó i dispara a en* SAÏD. *La* BLANCA *se n'adona i s'interposa per protegir-lo amb el cos i és ella qui rep el tret. La noia recula ferida.*

BLANCA: Ah!
SAÏD (*que ha tornat a pujar i la rep en els seus braços abans que caigui a terra*): L'heu ferida a ella!
BLANCA: Pare!
CARLES: Filla!
FERRAN (*apareixent dalt de l'escala, seguit d'en* JOANOT, *en* GUILLEM, *en* ROC, *els* MARINERS *i els* SOLDATS): Què heu fet...!
SAÏD (*amb desesperació*): És meva! Morim plegats! La meva dolça esposa! Abraça'm!
CARLES (*arribant al mig de l'escena seguit de tothom*): Filla!
SAÏD: Al mar!
BLANCA: Al cel!

Es llancen al mar abraçats. En CARLES *cau al mig de l'escena de genolls.*

FERRAN (*corrent cap a la finestra*): Han desaparegut!

Teló ràpid.

Apèndix

Una gran carrera literària

Guimerà es va estrenar amb un èxit rotund com a poeta, però gairebé immediatament va deixar de banda la poesia i es va dedicar a la dramatúrgia, gènere en què el seu talent va donar els millors fruits.

L'escriptor va iniciar l'activitat com a dramaturg, l'any 1879, amb la tragèdia en vers *Gal·la Placídia*, que va ser estrenada per una companyia improvisada al Teatre Principal de Barcelona i que impressionà fortament el públic assistent. Aquesta tragèdia inicià la primera etapa de Guimerà com a autor d'obres amb un caràcter historicoromàntic, en la qual també s'inclou *Mar i cel*, del 1888.

La fórmula literària del drama historicoromàntic estava, en certa manera, encunyada pels intel·lectuals de la Renaixença que envoltaven Guimerà i que no veien el moment de trencar el monopoli que exercia el dramaturg i empresari Frederic Soler a la ciutat de Barcelona, que només permetia la representació de comèdies costumistes i drames rurals o històrics.

Els renaixentistes observaven Europa i veien la reacció que havia nascut contra els excessos del primer romanticisme. El resultat d'aquesta reacció va ser una tragèdia romàntica que introduïa un punt de verisme en emmarcar els conflictes passionals en un context històric. Guimerà fou l'encarregat de dissenyar la tragèdia catalana destinada a donar prestigi a la llengua catalana. Per fer-ho, va crear unes trames que cada vegada incorporaven un mica més de realisme. També va utilitzar un llenguatge més sobri, que fins i tot tenia un punt de col·loquial. I, a més, encetà ja els temes que mai més no abandonaria: els conflictes passionals marcats per una relació de poder, la inadaptació de la persona, el mestissatge, la impossibilitat de materialitzar l'amor en un entorn sempre hostil...

Així, la primera etapa, que comença amb l'obra *Gal·la Placídia* (1879) i acaba amb l'obra *La boja* (1890), va moure's dins d'aquests nous paràmetres. El dramaturg va arribar a la seva plenitud creativa en la segona etapa, durant la dècada dels anys noranta del segle XIX, amb obres com *En Pólvora* (1893), *Maria Rosa* (1894), *Terra baixa* (1896) o *La filla del mar* (1900). En aquells moments, ja havia aconseguit crear un estil propi i singular que havia evolucionat cap al realisme i que ell va saber dotar d'una força teatral extraordinària. Guimerà va designar aquestes peces literàries «drames moderns», i disposava els seus personatges dins de la trama passional i defugia les particularitats psicològiques personals. Aquesta abstracció potenciava molt el dramatisme i, fins i tot, feia que l'obra transcendís més enllà del context històric en què estava immersa i que, d'alguna manera, esdevingués intemporal, per això, avui dia, aquestes obres encara tenen un cert èxit i, per exemple, per a molts, *Maria Rosa* simbolitza la venjança i *Terra baixa*, la innocència.

En la darrera etapa, entre els anys 1900 i 1924, Guimerà va assajar un constant canvi de registres i d'estils. Ja fos per no perdre el favor del públic, ja fos per no perdre el tren del futur, Guimerà va escriure drames burgesos (*Aigua que corre*, 1902), poemes dramàtics musicals amb elements fantàstics (*La santa espina*, 1907), teatre històric de signe catalanista (*Indíbil i Mandoni*, 1917)...

Quan el romanticisme no s'acaba amb la literatura

Àngel Guimerà va néixer a Santa Cruz de Tenerife el 1845. Els seus primers anys de vida deixaren una forta empremta en el seu futur. Per començar, la mare era canària i el pare era català. Guimerà va viure a Santa Cruz fins als vuit anys i aleshores la família es va traslladar al Vendrell, d'on era originari el pare. Allí va trobar-se amb una llengua i uns costums completament diferents dels que havia conegut fins al moment.

Per això no resulta estrany que en la seva obra el mestissatge i la diferència de cultures siguin temes recurrents. Molts dels seus personatges es troben dividits entre dues formes de viure o entre dos mons.

Però Guimerà va assumir la nova identitat d'una forma integral i absolutament satisfactòria, fins al punt de convertir-se en una de les personalitats més importants del catalanisme.

Guimerà pot ser definit com un poeta, un dramaturg i un polític, però, per damunt de tot, com un romàntic. Com a poeta, l'any 1877 va revolucionar els jocs florals en guanyar tres premis alhora i en proclamar-se mestre en gai saber.

Tot i això, no era la poesia el gènere que més l'atreia, sinó el teatre. Com a dramaturg es va convertir en un dels màxims exponents de la Renaixença o «ressorgiment» de la llengua i la cultura catalanes del segle XIX. Va entrar per la porta gran per enfrontar-se, tal com hem dit abans, al també dramaturg i empresari

Frederic Soler, que havia tingut el monopoli del món teatral fins aquell moment. Soler fou hostil a aquell jove que emergia des de dins de la Renaixença i les obres del qual aixecaven passions.

La guerra entre Soler i Guimerà fou sonada. Soler li va posar tants pals a les rodes com va poder i va impedir repetidament que el seu contrincant estrenés al teatre Romea. L'hostilitat va arribar a tal punt, que els seguidors de Soler xiulaven les obres de Guimerà, i a l'inrevés.

La lluita va acabar amb el triomf definitiu d'Àngel Guimerà, que va consagrar-se com a representant de la nova concepció del teatre i de la llengua i d'una nova generació literària i política coneguda com la de la Renaixença.

La idea un xic romàntica que per fer avançar la llengua calia dedicar-se a la política féu que el currículum polític de Guimerà esdevingués també de primer ordre:

Anys 1880-1881: va participar en els Congressos Catalanistes, primer intent de fixar un ideari catalanista.

Any 1885: va portar el Memorial de Greuges a Madrid, considerat el primer acte catalanista en el context de l'Estat espanyol.

Any 1889: va presidir la Lliga de Catalunya.

Any 1892: va ser un dels ponents de les Bases de Manresa, una proposta d'autogovern de Catalunya.

Any 1892: va presidir els jocs florals, en els quals va començar el seu discurs amb la famosa frase «Catalunya no ha mort».

Any 1895: va presidir l'Ateneu Barcelonès. Va provocar una gran polèmica en pronunciar per primera vegada en la història de la institució el discurs inaugural en català. El poeta Joan Maragall descrivia aquest moment així: «Un home de fer i poques paraules, infantil i fort, humil i tossut [...] i segur del seu fet, travessant aquella gran sala esfereïdorament plena d'una multitud agitada, se n'anà reposadament cap a l'estrada principal a aixecar una tempesta segura, com si anés a la tasca més normal de la seva vida».

El 18 de juliol de 1924 morí a casa seva, a Barcelona. L'endemà se celebrà l'enterrament, al qual van assistir més de cinquanta mil persones com a mostra d'homenatge pòstum.

Què va passar amb el premi Nobel?

L'any 1904 l'Acadèmia Sueca va decidir concedir el premi Nobel de Literatura a Àngel Guimerà i al poeta provençal Frederic Mistral. Els suecs consideraven que tant Guimerà com Mistral havien afavorit els renaixements simultanis de dues llengües llatines amb una part de la seva història comuna: el català i l'occità.

Però l'Estat espanyol va mostrar-se contrari que es premiés un autor català, que a més tenia el defecte de ser catalanista. Així doncs, Mistral va acabar compartint el premi amb l'escriptor madrileny José de Echegaray, amb qui no tenia res a veure.

Tot i això, l'Acadèmia Sueca mai no va esborrar Guimerà de la seva llista de candidats, que va arribar a fases avançades de la votació durant disset anys. Els anys 1917 i 1919, especialment, se'l va esmentar com a mereixedor del premi.

Però hi havia un altre problema: el premi que s'havia atorgat a Echegaray era mig premi, perquè havia estat compartit, i no era acceptable que un espanyol obtingués mig premi i un català, un de sencer. Tant va pressionar l'Estat espanyol, que l'Acadèmia Sueca es va sentir obligada a justificar la constant desestimació de Guimerà, afirmant que no pretenia arriscar-se, ni que fos involuntàriament, a ferir l'orgull del sentiment nacional castellà (Joan-Lluís Lluís, *Presència*, 3-9, desembre de 2010).

Així que Guimerà havia d'esperar que un escriptor espanyol obtingués el premi sencer, fet que es va produir el 1922, quan va ser concedit al madrileny Jacinto Benavente. Però Guimerà va morir poc després, el 1924, i va perdre l'oportunitat per sempre.